中共河北省委党校（河北行政学院）创新工程科研项目

科技产业园的数智化转型
升级之路

石翠仙　倪振涛　著

中国海洋大学出版社

·青岛·

图书在版编目（CIP）数据

科技产业园的数智化转型升级之路 / 石翠仙，倪振涛著 . -- 青岛 : 中国海洋大学出版社，2024. 7.

ISBN 978-7-5670-3924-7

Ⅰ . TU984.13

中国国家版本馆 CIP 数据核字第 2024M4C853 号

科技产业园的数智化转型升级之路
KEJI CHANYEYUAN DE SHUZHIHUA ZHUANXING SHENGJI ZHI LU

出 版 人	刘文菁		
出版发行	中国海洋大学出版社有限公司		
社 址	青岛市香港东路 23 号	邮政编码	266071
网 址	http://pub.ouc.edu.cn		
责任编辑	郑雪姣	电 话	0532-85901092
电子邮箱	zhengxuejiao@ouc-press.com		
图片统筹	寒 露		
装帧设计	寒 露		
印 制	河北万卷印刷有限公司		
版 次	2024 年 7 月第 1 版		
印 次	2024 年 7 月第 1 次印刷		
成品尺寸	170 mm×240 mm	印 张	13.5
字 数	230 千	印 数	1 ～ 1000
定 价	88.00 元		
订购电话	0532-82032573（传真） 18133833353		

发现印刷质量问题，请致电18133833353进行调换。

前　言

在当今时代，科技的发展速度前所未有，新兴技术如雨后春笋般涌现。这些技术的发展不仅推动了经济的快速增长，也促使各行各业进行深刻的变革。科技产业园作为创新和科技发展的重要载体，承担着促进科技成果转化、创新资源集聚和区域经济发展的重要任务。随着数字化、智能化技术的广泛应用，科技产业园面临前所未有的转型升级机遇。本书旨在为科技产业园的数智化转型升级提供理论支持和实践指导。

在撰写本书的过程中，笔者深入分析了科技产业园的发展现状，探讨了数智化的内涵、特征以及数智化转型对科技产业园发展的重要意义。笔者认为，科技产业园的数智化转型不仅仅是技术的升级，更是全方位的系统性变革，涉及产业结构、管理模式、服务体系等多个方面的创新和改进。科技产业园的数智化转型升级之路充满挑战。技术迭代快、产业融合深入推进、创新生态复杂等因素都给科技产业园数智化转型升级带来了不确定性和风险。因此，本书也探讨了数智化转型升级过程中的风险控制。

本书共分为五章。第一章概述科技产业园的基本情况，介绍科技产业园的功能、分类和特征，为读者描绘出科技产业园的基本轮廓；分析数字化与数智化的区别与联系，并对数智化的内涵、特征、核心技术和发展趋势进行详细分析，为后续章节研究科技产业园数智化转型升级奠定基础。第二章着重分析科技产业园数智化转型升级的目标、原则和意义，指出数智化转型不仅是技术升级，也是管理创新和模式变革，对提升科技产业园的创新能力和竞争力具有重要作用。第三章探讨科技产业园转型升级中大数据技术、人工智能技术和智慧平台的应用，分析科技产业园转型升级过程中的主要机遇。第四章具体阐述科技产业园数智化转型升级的推进方略，包括科学规划、多维路径探索、多重保障机制等方面的内容，强调风险控制的重要性。第五章对全书进行总结，并对科技产业园数智化转型升级的未来发展进行展望，提出长远建议，为科技产业园的发展描绘宏伟蓝图。

笔者希望，读者能够通过本书深刻理解科技产业园数智化转型升级的重要性和紧迫性，明晰其目标、原则和意义，并掌握实施数智化转型升级的有效策略和方法。本书旨在为政策制定者、科技产业园管理者、企业家以及研究人员提供参考和启示，帮助他们在科技产业园的数智化转型升级之路上更加稳健地前行。总之，《科技产业园的数智化转型升级之路》是一本旨在深入探讨科技产业园数智化转型升级全过程的专著。笔者期待本书能够成为科技产业园数智化转型升级道路上的一盏明灯，为所有致力推动科技产业园发展、创新的个人和组织提供有益指导。

目 录

第一章 科技产业园和数智化概述

第一节 产业园的功能与分类

产业园是政府或企业为促进特定产业的发展而规划和建设的特定区域。产业园已成为现代经济体系中不可或缺的组成部分。这些特定区域不仅是地理空间的集合，也是经济活动、技术创新和社会进步的动力源泉。

产业园建立的目的通常是通过产业园的建设提高产业集聚度，进而发挥产业的规模效应、技术溢出效应，提高产业链上下游企业的合作程度，从而更好地促进某个产业及相关产业的发展，最终带动区域经济发展。[①] 产业集聚度是指产业园内的入驻户中属于同行业生产类型和组成上下游生产链的企业所占的比例。[②] 集聚效应不仅能够促进知识的共享和技术的迅速传播，还能通过规模经济和范围经济，降低企业的运营成本，提高产业效率。产业园内部的企业和机构通过合作网络，能够共同面对市场变化和技术挑战，增强

[①] 陶经辉. 产业转型升级背景下的物流园区创新发展理论、方法及实证研究 [M]. 北京：企业管理出版社，2021：69.

[②] 上海市经济委员会. 都市型工业园区（楼宇）管理规范 [M]. 上海：东华大学出版社，2004：117.

整个产业链条的市场适应能力。

产业园建设是区域经济发展策略的重要组成部分。通过专门的产业园建设，政府能够有效地引导资源向高增长潜力的产业集中，促进高新技术企业孵化，加快产业创新和技术升级。同时，产业园作为产业调整和升级的平台，不仅推动了产业结构的优化，也为区域经济的发展提供了动力和空间。产业园在推动城市化进程中也扮演着重要角色。随着产业园内企业数量的增加和经济活动的活跃，人口也会聚集到这些区域，进而带动住房、教育、医疗等城市基础设施和服务业的发展。因此，产业园的规划和建设不仅关乎产业发展，也是影响城市发展和人口布局的重要因素。

下面重点分析产业园的功能，介绍产业园的分类。

一、产业园的功能

产业园在经济体系中具有多重功能。产业园通过为企业提供一系列集成服务和优惠条件，显著提升了产业的整体竞争力和发展速度。通过专门的设计和目标定位，产业园不仅成为促进地区经济增长的引擎，也是推动科技创新、科研成果转化和人才培养的重要基地。产业园通过综合发挥这些功能，不仅加速了知识的产生和技术的应用，也优化了产业结构，促进了区域经济发展。产业园的建设和发展还促进了城市化进程，提高了社会福利水平，改善了居民的生活质量。

第一，产业园通过提供基础设施和集中的高质量服务，为企业和研究机构创设了有利的发展环境。基础设施的完善是产业园能够有效促进产业发展的一个关键因素。产业园内部通常有道路、供水设备、供电设备、通信基础设施等，这些都是企业生产的要素。通过提供这些基础设施，产业园为企业创设了良好的生产和运营环境，大幅降低了企业的初始设立成本和日常运营成本，提高了企业的经营效率。

产业园良好的环境能够吸引投资，促进企业成长，从而推动地区经济的发展。通过将同一产业或相关产业的企业聚集到特定地理区域内，产业园形成了强大的产业链和价值链，促进了企业的技术交流、资源共享和合作创新。这种集聚效应不仅加速了信息的流动和知识的扩散，也为企业提供了合作开展研发项目、共同解决技术难题的机会。专业化集聚还有助于吸引更多的供应商、分销商和服务提供商进入产业园，进一步增强产业生态系统的完整性和自我提高能力。产业园内的企业能够获得共享服务和设施带来的成本优势。产业园还可以作为吸引外资的窗口，增强地区的经济吸引力。这样，产业园成为联结地方经济与全球市场的重要纽带，为地方经济的开放和发展提供了平台。

为企业提供专业服务也是产业园的一个突出优势。这些服务涵盖了企业发展的各个方面，如行业指导、市场分析、技术咨询、法律服务和财务服务，形成了一个全面支持体系，能满足企业在不同发展阶段的需求。产业园内的管理机构和专业服务机构通常由具有丰富经验的专家和顾问团队组成。他们对产业发展的趋势和挑战有深入的了解，能够为企业提供有针对性的指导和解决方案。行业指导服务能帮助企业准确把握行业发展趋势，制订有效的竞争策略；市场分析服务为企业提供市场需求、竞争对手及潜在客户的深入分析结果，帮助企业做出精准的市场定位；技术咨询服务侧重于推动企业技术创新，指导企业解决技术难题，加速新产品的研发和推广；法律服务为企业提供合同管理、知识产权保护等方面的咨询服务，保障企业运营的合法性和安全性；财务服务涵盖了投融资咨询、税务规划等，帮助企业优化财务管理、提高资金使用效率。通过为企业提供这些专业服务，产业园不仅能帮助企业解决在成长过程中遇到的具体问题，还能提升企业的管理水平和市场竞争力。特别是对初创企业和中小企业来说，产业园提供的这一系列专业服务相当了一个外部的专家团队的服务，能降低这些企业寻找、使用专业服务的成本和难度。

第二，产业园在推动科技创新与科研成果转化方面发挥着重要作用。产业园通过专注于特定技术领域或产业链的发展，成为科技创新的高地。产业园中企业、大学和研究机构密切合作，构成了协同创新的生态系统。这种系统不仅促进了知识与技术的自由流动，还加速了科研成果从理论到实践的转化过程，大幅缩短了新技术和新产品进入市场的时间。

在产业园内，不同的创新主体能够通过共享研发设施和技术平台等资源，降低科技创新的成本和风险。这种资源共享机制使得即使是资源有限的初创企业和科研团队也能参与创新活动，激发了整个产业园的创新活力和潜力。产业园还提供了一系列创新支持服务，如科技孵化器、加速器服务，专利申请服务和技术咨询服务，这些服务有效地支撑了创新过程中的各个环节，促进了科研成果的快速转化和产业化。产业园还积极促进企业与国内外科研机构和高等院校合作，引入先进的技术和管理理念，增强了产业园内部的创新能力。这种开放式的创新模式不仅有利于吸引更多的国际合作伙伴，也为产业园内的企业提供了广阔的市场和发展机遇。通过这样高效协作的创新网络，产业园成为科技创新的重要孵化器，推动了新技术、新产品的诞生，为产业升级和经济发展贡献了重要力量。

第三，政策支持是产业园吸引企业入驻的重要因素。政府通过实施一系列有针对性的优惠政策，为企业提供了强有力的支持，降低了企业的经营成本，为企业的成长创造了有利条件。优惠政策包括税收减免、融资支持、人才培训等，直接关系到企业的利润和发展潜力。这些政策提升了产业园对企业的吸引力。

税收减免政策允许企业在一定期限内享受减少或免除部分税负的优惠，这直接减轻了企业的财务压力，增强了企业的盈利能力。此外，融资支持政策通过为企业提供低利率贷款、政府担保贷款或投资补贴等，解决了企业特别是中小企业和初创企业在发展过程中遇到的资金短缺问题，使得企业能够更加专注于产品开发和市场扩展。人才培训政策通过提供专业技能培训、管理培训以及其他形式的人力资源支持，帮助企业提升员工的专业能力和综合素质。这些政策不仅有助于企业提高生产效率和创新能力，还能增强企业的人力资源竞争优势，为企业的长期发展奠定坚实的基础。

除了上述政策外，政府还可能提供研发资助、出口退税、海外市场开拓支持等其他优惠政策，进一步增强产业园内企业的市场竞争力。这些支持政策不仅有助于吸引更多企业入驻产业园，也促进了产业园内企业的健康发展和产业升级，最终推动了地区经济的繁荣和社会进步。

第四，产业园对促进就业和人才培养具有重要影响。产业园作为产业集聚的高地，通过集中发展特定产业或技术领域，能够为当地及周边区域创造大量的就业机会，而且通过吸引和培养高技能人才，进一步推动产业升级和经济增长。产业园内的企业和研究机构密切合作，形成多方参与、共同发展的生态系统，为人才提供了既能学习又能实践的理想环境。

在产业园内，人才不仅有机会参与前沿技术的研发和应用，还能够通过企业的合作项目和跨学科的交流活动，拓宽视野，提高创新能力。这种开放和协作的工作环境，有利于人才的快速成长和员工职业技能的提升，能够为产业园及其所在地区的经济发展注入新的活力。产业园内部的培训机构发挥着不可替代的作用。通过提供定制化的培训项目和有针对性的技能提升课程，培训机构能帮助在职员工提高工作能力、满足工作要求。这种培训机制确保了产业园内人才的知识和技能始终在行业前沿，增强了企业的核心竞争力。

产业园聚集了大量相关产业的企业，自然而然地形成了吸引各类专业人才的强大磁场。产业园不仅为人才提供了就业机会，也为产业发展提供了人才供应链和创新源泉，从而促进了产业园乃至整个区域经济的持续健康发展。

二、产业园的分类

产业园作为推动区域经济发展和科技创新的重要平台，在世界范围内广泛存在。产业园的分类不断完善。从不同的角度可将产业园分为不同类型。

（一）按照主导产业分类

按照主导产业分类，产业园通常包含高科技园区、一般工业园区以及专业园区三种类型。这种分类反映了产业园的发展方向和专业化水平。

高科技园区作为推动科技创新和高新技术产业发展的重要平台，通常位于城市或区域的经济发展核心区，靠近研究机构和高等教育机构。这些园区聚焦信息技术、生物技术、新材料、新能源等前沿科技领域，旨在通过集聚高科技企业和研发机构，促进技术创新和知识产权的产生。高科技园区内部通常设有孵化器、加速器等机构，为初创企业提供资金、技术以及市场方面的支持，加速科研成果的商业化。通过政府的政策扶持，高科技园区成为吸引国内外投资、人才集聚和高新技术企业成长的重要场所。

一般工业园区关注传统制造业和加工业。这类园区通常位于城市郊区或其他交通便利的区域，便于原材料运输。一般工业园区的主要目的是通过规模经济和产业链条，增强产业的集聚效应，降低生产成本和运营成本，提升产业的竞争力。在这些园区内，企业可以使用完善的基础设施、得到共享服务、享受政府的各种政策优惠，这有利于产业规模扩大和产业结构优化。

专业园区是针对特定行业或产业链环节设立的产业园区，如软件园、动漫园、纺织工业园等。这类园区通过聚焦特定的产业领域，构建完善的产业链条和专业化的服务体系，为企业提供定制化的支持。专业园区内的企业通常面临相似的市场需求和技术挑战，因此园区内部形成了合作网络和知识得到共享机制，这促进了技术创新和产业升级。专业园区还能够吸引特定领域的人才和投资，提高园区在全球产业链中的地位和影响力。

（二）按照运营主体分类

产业园区依据其运营主体的不同，可大致分为三类：政府主导型产业园区、学校主导型产业园区和企业主导型产业园区。不同产业园区因主导力量的差异，其结构与功能也各有不同。接下来，我们对产业园区的不同类型进行详细阐述。

1. 政府主导型产业园区

政府主导型产业园区的核心是地方政府的介入与全面参与，如参与园区的规划设计、土地开发以及招商引资等。政府主导型产业园区代表了地方产业发展方向。[1] 政府通过直接参与产业园区的开发和运营，可以推动地方经济结构的调整和优化，促进战略性新兴产业集聚发展。借助政府的资源配置能力和政策支持，这类产业园区往往能够快速启动，吸引大量投资，加速区

---

[1] 陆勇.“卓越计划”视阈下的地方本科高校工程教育改革 [M].西安：陕西人民教育出版社，2015：134.

域产业升级和经济增长。例如，以城市名字加高新区或经济开发区命名的产业园区，多数采取这种政府主导的模式。地方产业园区是地方产业与高新技术的集聚区，代表了地方经济发展和产业结构调整的方向，政府通过财政策、土地政策等发挥其在产业园区发展中的主导作用。[①]

政府主导型产业园区在实践中也面临一些挑战和问题。因此，一些地方政府开始探索与企业合作的新模式，即通过不断优化政府与市场的关系，探索更为高效和可持续的产业园区运营模式，保留决策权、审批权和税收优惠政策，将园区的规划、开发、建设和日常运营等任务委托给具有专业能力的开发商。这种合作模式旨在利用市场机制和企业的专业优势，提高产业园区的运营效率和竞争力，同时，保证政府在战略决策和宏观调控中的主导地位。政府应当发挥战略引导和政策支持的作用，充分利用市场机制和企业力量，推进产业园区健康发展。

2. 学校主导型产业园区

学校主导型产业园区，尤其是大学科技园，已经成为促进科研成果转化、创新创业人才培育的重要平台。这类产业园区的核心目的是利用高等教育机构的研发优势和人才优势，利用社会其他资源，推动产学研一体化。大学科技园区不仅为大学的科研成果转化提供了通道，也为创新创业提供了肥沃的土壤，加强了学校与社会经济的联系。

学校主导型产业园区的成功运营依赖政府、学校和产业园区三方的有效协同。政府扮演着支持者和协调者的角色，通过制定优惠政策、提供资金支持等，为产业园区的发展营造良好的外部环境。学校通过将研究成果及人才资源引入产业园区，推动产业园区科技创新和技术应用。产业园区需要构建完整的服务体系，如创业孵化服务、技术咨询服务、资本对接服务等，以确保科研成果高效转化，促进高质量的创新创业。

大学科技园区与区域经济融合发展的关键在于建立政府、学校和产业园

---

① 陆勇．"卓越计划"视阈下的地方本科高校工程教育改革 [M]．西安：陕西人民教育出版社，2015：136.

区的经济联系，实现三方的功能互补。通过产业链的构建和优化，实现资源的有效配置和利用，大学科技园区能够成为推动地方经济发展、促进科技创新和人才培养的重要力量。例如，某大学科技园区凭借其在科研成果转化、产学研合作方面的显著成绩，不仅加速了科研成果的应用，也推动了区域产业结构的优化升级。在近 20 年的发展中，该科技园主园区成为中关村科技园区建设速度快、入驻率高、入园企业质量好、服务体系完善的区域之一，成为中国顶尖的 A 类大学科技园区，并成为具有国际竞争力的科技创新高地。

随着时代的发展，一些大学科技园区已经成为科技创新和高新技术产业发展的重要基地。它们通过提供一站式的创新创业服务，吸引了大量高新技术企业和创业团队入驻，形成了高度聚集的创新生态系统。这些园区不仅为大学师生提供了将理论知识转化为实践经验的平台，也为地方经济的转型升级贡献了重要力量。

3.企业主导型产业园区

一是企业产业链吸引类。此类产业园区由具有产业链背景的大型企业开发、建设，通过企业的产业链优势和资源整合能力，构建了促进产业集聚、加速技术创新和促进地区经济发展的平台，推动产业集聚和发展。这种产业园区的主导产业通常与开发企业的核心业务密切相关，或在产业链中占据关键位置。其核心特点是，开发运营商不仅是空间的提供者，也是产业发展的引领者。通过产业资源、品牌效应和市场网络，这类园区能够吸引产业链上下游企业入驻。这种以企业为核心的产业园区能够有效促进企业的信息交流、技术合作和资源共享，加速产业创新和升级。

从经济效益角度来看，企业主导型产业园区为开发企业提供了扩大产业链、提高市场竞争力的机会。开发园区的企业通过园区内企业的集聚，能够降低生产成本，提高运营效率，还能通过产业链的延伸和拓展，开拓新的市场和业务领域。此外，企业主导型产业园区还能给开发企业带来品牌影响力的提升，通过产业园区的成功运营，展示企业的综合实力和社会责任感。

从社会效益角度来看，企业主导型产业园区对促进地区经济发展、提供就业机会以及推动产业升级具有重要作用。产业园区不仅能吸引投资和人才，还能促进相关产业的技术进步和创新能力提升。产业园区的建设和发展还能带动周边区域的基础设施建设和公共服务水平提升，有利于提高地区的经济水平和居民生活质量。

企业主导型产业园区的发展也面临一些挑战，如确保园区内产业的可持续发展、促进园区内外企业的合作与竞争等。政府、产业园区开发运营商及相关利益方需要共同应对这些挑战。

二是企业总部型。这种类型的产业园区以大型企业或特大型企业的总部为核心，通常拥有很大的建筑面积，具有独立功能。企业总部型产业园区不仅是企业员工的办公、生活空间，也是企业文化展示场所、企业创新孵化器，能促进产业发展。企业总部型产业园区的特点是具有自由、灵活的空间布局与设计，能满足企业内部员工的办公需求，同时，预留足够的空间以适应企业未来的发展。这种类型的产业园区内部通常有完善的配套设施，如餐饮区、健身区、娱乐区等生活服务区，以及会议中心、展览厅等商务服务设施，旨在为员工提供良好的工作环境、生活环境，同时，促进企业文化建设和团队精神培养。通过集中展示企业的经营理念、技术实力和文化特色，这类产业园区不仅为企业的持续发展提供了强有力的支持，也促进了产业集群的形成，推动了区域经济发展。

企业总部型产业园区能够以强大的产业吸引力和辐射力，促进上下游企业集聚，形成产业集群。这种产业集聚不仅有利于企业的资源共享、信息交流和技术合作，也能促进产业链的完善和产业价值链水平的提升。通过产业集聚，企业总部型产业园区成为推动区域经济发展和产业升级的重要力量。以杭州某互联网科技公司的企业总部为例，其不仅是公司运营管理的中心，也是公司技术研发和创新创业的重要基地。通过建立开放的创新平台，该企业总部不仅吸引了大量的技术人才和创业团队，也促进了该企业与本地高校、研究机构的合作，加速了科研成果的产业化。该企业总部的建设和发展还带动了周边区域的基础设施建设和公共服务水平提升，为区域经济的繁荣做出了显著贡献。

三是地产开发商主导型。地产开发商不仅进行土地开发和建筑建设，也参与产业园区的规划、建设和运营管理，成为推动产业园区发展的关键力量。与政府主导型产业园区或学校主导型产业园区相比，地产开发商主导型产业园区具有明显的市场化特征和灵活运营机制。地产开发商负责产业园区的基础设施建设和物业管理，通过专业化的服务提升园区的品质和竞争力；通过市场调研和战略规划，确定园区的主导产业，吸引目标企业入驻，形成产业集聚效应；还可能参与园区的资本运作和金融服务，为园区内的企业提供融资支持和投资机会。

地产开发商在与政府合作框架下，参与园区建设和运营等，收取一定的管理费用或享受政策优惠。这种合作模式使得产业园区更加市场化、专业化，也能充分利用地产开发商在资源整合、项目管理方面的专业优势。

地产开发商主导型产业园区利用工业用地的成本优势，通过招标、拍卖、挂牌等方式获取土地使用权，再通过土地开发、销售或租赁物业获利。相对于商住用地，工业用地的成本较低，这为地产开发商提供了较大的利润空间。即使是开发资金回流相对缓慢的长期项目，如出租厂房或办公楼，开发商也能够通过精细化的运营管理和市场定位，确保项目的可持续性和盈利能力。不过，地产开发商主导型产业园区的发展也面临一些挑战，如确保园区产业定位的精准性，平衡商业利益与园区长远发展，加强园区与政府、入驻企业的合作，等等。为了应对这些挑战，地产开发商需要关注园区的即时经济效益，更要注重园区的产业生态构建和长期战略规划，与政府和企业共同探索园区可持续发展的新模式。

（三）按照功能分类

按照功能分类，产业园可以分为产业集聚区、科技产业园区、物流园区和综合性园区等类型。每种类型的产业园区都承担着促进经济、社会发展的任务，反映了地区发展战略和产业政策导向。不同类型的产业园区在促进经济增长、产业升级和科技创新方面各有侧重，共同促进了区域经济发展。

产业集聚区侧重于特定产业或产业链的集中发展，通过产业集聚带动区域经济增长和产业结构优化。这类园区通常依托某一行业或多个相关行业的优势，吸引企业和资本集聚，形成产业生态系统。产业集聚区内不同的企业不仅在地理位置上靠近，还在产业链条中相互依赖，进行技术交流和创新合作，提高了整个产业链的竞争力和市场响应速度。

科技产业园区以科技创新和高新技术产业发展为核心，旨在促进科研成果转化和技术创新。这类园区通常靠近科研机构和高等院校，便于聚集科技人才和创新资源，为企业提供科研成果转化服务、创业孵化支持以及技术咨询服务等。科技产业园区成为联结学术界与产业界的纽带，能加速科研成果的产业化进程，推动区域经济向知识经济转型。

物流园区专注于为企业提供物流服务、优化供应链管理，以支持区域经济发展。这类园区通常位于交通枢纽附近，具有先进的物流设施和仓储管理系统，为企业提供物流配送服务、货物仓储服务、信息处理服务等一站式服务。物流园区的建设和发展不仅优化了供应链管理，降低了物流成本，也促进了区域贸易的便利化和区域经济国际竞争力的提升。

综合性园区功能全面，涵盖了产业发展、科技创新、物流服务等多个方面。这类园区旨在构建多功能的产业服务平台，满足企业多样化的发展需求。综合性园区能够吸引不同类型的企业入驻，能为企业提供丰富的配套服务，如金融服务、咨询服务、人力资源服务等，为企业的成长和创新提供全方位的支持。

（四）按照行业划分

根据行业特点和发展目标，产业园区可以划分为物流园、文化创意产业园、科技园区、生态农业园、软件园、高新技术产业园、影视产业园、化工产业园、医疗产业园等多种类型，每种类型的产业园区都具有独特的功能定位和发展模式。物流园专注于物流服务和供应链管理，通过建设先进的物流设施、提供高效的物流服务，优化区域物流网络，降低物流成本，提升区域贸易效率。文化创意产业园旨在汇聚文化艺术产业、设计产业、媒体产业等创意产业，通过为企业提供创意办公空间、展览展示中心和创业孵化服务，促进文化创意产业创新发展和产业链升级。科技园区以科技创新为核心，围绕高新技术产业的发展需求，为企业提供研发平台、技术转移服务和创业支持，加速科研成果产业化。生态农业园侧重于农业生产方式创新和农产品品质提升，通过引入现代农业技术和推广生态农业模式，促进农业可持续发展。软件园专门为软件和信息技术服务业提供发展平台，通过集聚软件企业和研发机构，推动软件产品的开发和信息技术的应用。高新技术产业园聚焦高新技术产业的发展，致力构建高新技术产业创新系统和产业集群。影视产业园专注于影视制作和文化娱乐产业集聚，为企业提供影视拍摄服务、制作服务、后期处理服务等一站式服务，同时，促进文化交流和创意产出。化工产业园围绕化工产业链的需求，为企业提供安全、环保的生产、研发环境，促进化工产业的绿色发展和技术进步。医疗产业园聚焦医疗健康产业，通过集聚医疗设备研发和制造企业、医药研发企业、健康管理企业等，推动医疗技术创新和健康产业发展。

第二节 科技产业园的特征、功能和发展策略

科技产业园不仅促进了工业地产的发展，也是推动区域经济转型和产业结构升级的重要力量。科技产业园通过产业集聚、为企业提供服务、市场化运作，促进了科技企业的成长和区域经济发展。科技产业园作为聚集和孵化科技企业的园区，专门为成长型、创新型的高新技术企业提供必要的研发载体和增值服务。这些服务包括为企业提供办公场所、研发设施以及资金支持，旨在营造有利于科技企业发展、交流和合作的环境。科技产业园通过科技、地产和金融的有机融合，实现了政府、企业、研究机构等多方利益主体的共赢。

科技产业园强调产业定位的重要性，通过产业集聚策略，将战略性新兴

产业作为主导产业，保证了科技产业园真正成为推动国家自主创新战略实施和战略性新兴产业发展的重要平台。这种产业集聚和专业化发展模式，不仅有利于促进科技创新和科研成果转化，还能有效推动区域产业结构的优化，加速经济发展模式的转变。

科技产业园的土地资源、物业资源和企业资源通过市场行为聚集，充分发挥市场在优化资源配置中的作用。此外，科技产业园还依托完善的服务体系，为入驻企业提供技术服务、市场拓展服务、人才培养服务、法律咨询服务等，降低了创新创业的门槛，激发了企业的创新活力和成长潜力。

科技产业园具有的特征、特定功能和发展策略，与其他类型的产业园不同。

一、科技产业园的核心特征

（一）创新与技术驱动

科技产业园是推动科技创新和技术进步的平台，其核心特征之一是创新与技术驱动。高新技术产业园正在成为我国经济发展最具活力的区域。[①] 创新与技术驱动不仅体现了科技产业园的基本定位，也凸显了科技产业园在促进区域经济结构优化和产业升级中的重要作用。

科技产业园强调将科技创新作为推动经济增长和社会进步的根本动力。科技产业园通过为企业提供一系列支持科技创新的条件和服务，如提供研发设施、孵化平台、资金支持等，激发企业和研究机构的创新活力，加速科研成果的产业化。这种以科技创新为核心的发展策略，使得科技产业园成为新技术、新产品和新业态不断涌现的重要区域。技术驱动在科技产业园的发展中也具有重要作用。科技产业园依托先进的技术和管理理念，推动产业向高技术、高附加值方向转型升级。科技产业园不仅鼓励企业持续进行技术创新和应用，也鼓励企业通过技术引进和创新提高自主创新能力和市场竞争力。

---

① 海佳.谈当前高新技术产业园的产业特点和规划策略：以东莞松山湖科技产业园新竹苑项目为例 [J].华中建筑，2009，27（9）：125-127，133.

技术驱动确保了科技产业园在全球产业链中的竞争优势，为区域经济的可持续发展提供了强有力的技术支持。

创新与技术驱动的实现依赖科技产业园内部形成的良好创新生态系统。创新生态系统包括多元化的创新主体（如高新技术企业、研发机构、高等院校等）、丰富的创新资源（如资金、人才、信息等）以及有效的创新机制（如产学研结合、技术转移、创新孵化等）。通过创新生态系统的高效运作，科技产业园能够实现知识的快速流动、技术的迅速迭代和创新成果的广泛应用，推动科技进步和产业发展。

在科技产业园的创新与技术驱动方面，政府、企业和社会各界需要共同努力。政府通过制定有利于科技创新的政策、提供稳定的资金支持和优化服务体系，为科技产业园的发展提供良好的外部条件。企业需要不断增强自身的创新能力和技术实力，积极参与国内外科技合作与竞争。社会各界，包括研究机构、高等院校等，也应积极投身科技创新的实践，形成全社会支持科技进步和产业发展的强大合力。

（二）产学研紧密结合

产学研紧密结合是科技产业园的核心特征之一，对促进科研成果转化、创新人才培养、加速产业升级以及构建创新型经济体系具有重要意义。产学研紧密结合本质上是一种跨界融合的创新机制，涉及高校、科研机构以及企业三方的有效协同。这种创新机制不仅促进了知识流动和技术转移，也为科技创新提供了丰富的资源和多元化的支持。在科技产业园内，建立产学研合作平台，可以实现资源共享、优势互补，进而加速科研成果的产业化，提升科技创新的效率和效果。

第一，从产业的角度看，企业是科技创新的主体，具有明确的市场需求和技术应用目标。科技产业园为企业提供了与高校、科研机构直接对接的机会，使企业能够快速应用前沿科学技术、增强自主创新能力。企业在产学研合作中，为高校和科研机构提供了现实问题和技术应用场景，增强了科研活动的方向性和实用性。

第二，高校参与产学研合作，不仅可以实现科研成果的实际应用，也能提升教学质量和人才培养的实践性。高校通过与企业、科研机构合作，可以将最新的科研成果和技术引入教学中，培养学生的创新意识和实践能力。高校还可以通过合作项目为学生提供实习、就业和创业的机会，促进高素质人才的培养和输出。

第三，科研机构作为科学研究的重要基地，在产学研合作中发挥着知识创新和技术研发的作用。通过与企业、高校合作，科研机构不仅可以将研究成果转化为生产力，也能够获得企业和市场的反馈，确定后续的研究方向和重点。此外，科研机构还可以通过合作项目获取资金支持，增强科研活动的持续性和深入性。

为了实现产学研紧密结合，科技产业园需要构建开放、包容的创新生态系统，搭建高效的合作平台，为企业提供服务和支持。这不仅涉及促进信息交流和资源共享，也涉及知识产权保护、科研成果评价等。总之，科技产业园能够促进产学研融合，推动科技创新和产业发展。

（三）科技产业园是高新技术企业的聚集地

科技产业园为企业提供了有利于创新、成长的环境和服务，通过构建创新生态系统和完善产业链条，促进了科技进步和产业发展。

科技产业园为企业提供了一系列优质服务和支持，例如，为企业提供先进的基础设施、灵活的空间布局、丰富的融资渠道、有效的技术支持服务以及人才培养和引进机制。这些服务和支持构成了科技企业成长的沃土，为企业研发创新、产品迭代和市场扩展提供了必要的条件。科技产业园还构建了独特的创新生态系统。在这一生态系统中，企业不仅能够获得政府和园区管理机构的直接支持，还能够与高校、研究机构、其他企业及服务提供商等进行广泛的交流与合作。跨界合作和资源共享，促进了知识的流动和技术的扩散，加速了创新成果的产业化和商业化。

高新技术企业的集聚推动了科技产业园内产业链和价值链的完善。随着越来越多的企业入驻，园区内形成了包括基础研究、技术开发、产品制造、市场营销等的完整的产业链条。产业链的完善不仅提高了园区内企业的竞争力，也促进了产业融合和协同创新，促进了具有明显竞争优势的产业集群的形成。

科技产业园作为高新技术企业的聚集地，对区域乃至国家经济的发展具有重要影响。一方面，园区内企业的技术创新和发展，直接带动了经济增长和就业，提升了区域经济的活力和创新能力；另一方面，通过产业升级，科技产业园促进了经济发展模式的转变，促进了经济、社会的可持续发展。

二、科技产业园的特定功能

科技产业园具有独特的功能和定位，在推动科技创新、促进产业升级以及加快区域经济发展方面发挥着不可替代的作用。

科技产业园的功能之一是促进科技创新。科技产业园通过提供一系列科研设施和服务，为企业和研究机构创造了有利于开展科学研究和技术开发的环境。科技产业园通过设立创新平台和孵化器，为初创企业提供技术支持、资金支持和商业指导，激发整个园区的创新活力和创业热情。科技产业园在促进产学研结合方面也发挥着重要作用。通过构建开放的创新生态系统，科技产业园鼓励和促进高校、科研机构与企业交流与合作。这种跨界合作不仅能加速知识和技术的流动，也能促进人才交流和培养。产学研结合能提升科技产业园在科技创新体系中的地位，为园区内的科技创新和产业发展提供强大的动力。

科技产业园还具有推动产业集聚和升级的功能。科技产业园通过明确的产业定位和发展规划，吸引了一批具有相互关联、互补优势的高新技术企业入驻。这种产业集聚不仅优化了产业结构，也提升了园区内企业的竞争力。随着产业集群的形成，科技产业园成为推动地方产业升级和经济结构调整的重要平台。科技产业园的发展带动了就业，提升了地区的科技水平和经济实力。科技产业园还通过吸引外资、促进出口等，加强了地区与国内外市场的联系，提升了地区在全球产业链中的地位。

三、科技产业园的发展策略

科技产业园的发展策略是科技产业园实现促进科技创新、产业升级和区域经济发展目标的关键。区别于其他类型的产业园，科技产业园特别强调科技创新和高新技术企业培育，其发展策略因此具有独特性。

（一）战略定位与产业选择

科技产业园通常依据国家和地区的产业发展战略，选择具有核心竞争力和战略意义的高新技术产业作为主导产业。这种选择不仅基于对当前科技发展趋势和市场需求的深入分析，也考虑到了区域的资源禀赋和科研基础，以确保园区的产业定位与区域经济发展需求相匹配，能够促进区域产业结构的优化和经济增长模式的转变。

（二）政策支持

科技产业园的蓬勃发展离不开政府的全方位支持。政府部门通过实施一系列优惠措施，如税收减免、研发投入补贴、资金扶持以及灵活的土地使用政策等，为科技产业园及其入驻企业提供了充满活力和机遇的成长环境。政府的政策降低了企业的运营成本，大幅提升了企业研发和创新的积极性，为园区吸引和培养高科技人才提供了坚实基础。除了政策优惠之外，完善的法律法规为企业提供了安全、稳定的经营环境，使企业能够防范商业风险，增强企业的市场竞争力和创新能力。政策导向和法律支持不仅激发了科技企业的创新潜力，还提升了科技产业园的吸引力和竞争力，使之成为推动地区乃至国家经济发展和技术进步的重要力量。

（三）创新体系建设

构建完善的创新体系是科技产业园的核心发展策略之一。园区通过建立研发平台、创新孵化器、技术转移中心等，为企业提供全方位的创新服务，如技术研发服务、科研成果转化服务、创业孵化服务和人才培养服务等。园区还积极推动产学研深度融合，通过建立稳定的合作关系，促进科研机构和高等院校的科研成果在园区内快速转化和应用，实现创新链、产业链和价值链的对接。

（四）合作网络构建

在经济全球化背景下，科技产业园还需要构建开放的合作网络，加强与国内外科技园区、创新机构和高新技术企业的交流、合作。通过参与国际合作项目、引进国外先进技术和管理经验、吸引外资企业入驻等，科技产业园不仅可以提升自身的国际竞争力，也能为园区内企业提供更广阔的市场和更多的合作机会，促进科技创新和产业国际化发展。

第三节　数字化与数智化的关系

一、数字化与数智化的联系

数字化为数智化提供了数据基础，主要关注信息的数字表示和基础数据的电子化处理。数智化是数字化的深化和拓展，通过智能技术的应用，实现数据的深入分析和价值创造。数字化和数智化共同推动社会的数字化转型和智能化进程，引领经济发展和社会进步的新方向。

第一，数字化是将传统的模拟信息转化为数字形式的过程，使信息能够在计算机系统中被存储、处理和传输。数字化极大地提高了信息处理的效率和准确性，同时，为数据的深入分析和广泛应用奠定了坚实的基础。

数字化的核心是信息的电子化和网络化。人们将模拟信息转化为数字形式，能够以前所未有的速度和便捷性在全球范围内获取、传播和利用信息。数字化改变了信息的存储方式和传播路径，使得信息流通变得更加迅速和广泛，给社会各个领域带来了深刻的变革。

数字化涵盖了电子文档管理、电子商务、数字媒体、数字图书馆、电子政务等领域，深入人们生活的方方面面，如教育、医疗、交通、金融等领域。通过数字化，人们可以实现信息的快速检索、共享和传播，极大地提高了工作效率和生活便利性。对企业而言，数字化能够助力企业优化生产流程、提升管理效率、加强客户关系管理，使企业在激烈的市场竞争中占据有利地位。在数字化的基础上，更高级的数智化转型成为推动社会发展的新动力。

第二，数智化作为数字化转型的深化和拓展，代表了当今社会向更高级别的技术应用和数据智能化管理方向发展。在数字化的基础上，数智化利用先进的智能技术和数据分析方法，对海量数据进行深入挖掘、分析和应用，推动决策科学化、管理精准化和服务个性化。数智化转型不仅是技术革新的体现，也是社会、经济发展模式创新的标志。

数智化的核心是对数据的智能处理和运用。数智化依赖于一系列先进技术，如人工智能（artificial intelligence, AI）技术、大数据分析技术、云计算技术等。人们应用这些技术，能够从大规模的数据中提取有价值的信息，还能进行数据分析、解释和应用。人们通过算法和模型的建立，能够识别数据中的模式、趋势和关联性，并据此进行预测和决策，提高数据的应用价值和应用效率。

数智化转型对社会、经济发展具有深远的意义。首先，数智化能够显著提升决策的科学性和精准性。通过对大数据的挖掘和分析，决策者可以基于全面的信息进行决策，提高决策准确性，降低风险。其次，数智化能够优化和创新服务，满足用户个性化、多样化的需求，提升用户体验和满意度。最后，数智化还推动了管理方式和业务模式的创新，为企业提供了新的增长点和竞争优势，促进了产业转型升级。

二、数字化与数智化的区别

数字化和数智化虽然只有一字之差，但在数据处理能力、技术应用范围、价值提升等方面存在明显的区别。

（一）数据处理能力

在数字化时代，数据处理能力主要体现在数据收集、存储和基本处理上，为信息的快速流通和高效管理提供了可能。在数智化阶段，数据处理能力得到了显著提升。利用人工智能技术、大数据分析技术等先进技术，人们不仅能完成数据收集和存储，还能对这些数据进行深入学习和智能分析，识别数据中的模式，预测未来发展趋势，为决策提供科学依据。数据处理从简单处理到智能分析的升级，标志着数据处理能力在数智化阶段的重大飞跃。

（二）技术应用范围

在数字化基础上，数智化扩展了技术应用范围。在数字化阶段，技术应用主要集中于业务自动化，如电子文档处理、在线交易等；技术应用的目的主要是提高操作效率、降低成本。数智化将技术应用范围从业务自动化扩展到决策智能化，涵盖了智慧城市、智能制造、智能医疗等更广泛的领域。人们利用数据分析技术和人工智能技术，不仅优化了业务流程，还能够支持更加复杂的决策，提高决策的准确性和创新性。

（三）价值提升

数字化通过信息的电子化和网络化，实现了工作效率的提升和成本降低，给企业和社会带来了直接的经济效益。数智化在此基础上，通过智能化的数据分析和应用，不仅进一步提高了工作效率，还能够创造新的价值和商业模式。例如，通过对客户行为进行大数据分析，企业能够为客户提供更加个性化的服务，开发新产品，甚至塑造新的市场需求，从而实现经济价值和社会价值的双重提升。

三、从数字化到数智化的转变

在快速发展的数字时代，从数字化到数智化的转变已成为一种不可逆转的趋势。这一转变反映了技术进步、数据爆炸、市场需求变化以及全球经济结构调整等多重因素的综合作用。随着数智时代的悄然来临，在以大数据技术、云计算技术、区块链技术等为代表的数字技术的全面赋能下，全球产业开始步入数智时代。[①] 数智时代以数据为核心，以智能为驱动，通过更加高效、精准的数据分析和应用，实现社会管理和经济发展的优化升级。

数智化推动社会的智能化进程，使得各行各业都能够在数据驱动下进行科学的决策、精准的管理和个性化的服务。在经济领域，数智化能够助力企业通过智能分析预测市场趋势、优化生产管理流程、提升产品和服务的竞争力；在社会管理方面，数智化有助于实现公共服务的精准化和高效化，提高城市管理的智能化水平；在个人生活方面，数智化给公众带来更加便捷、智能的生活。数智化不仅为经济发展和社会进步开辟了新的路径，也为构建更加智能、高效、可持续的未来社会提供了强大的技术支持和创新动力。

（一）背景分析

下面从不同角度对数字化向数智化转型的背景进行分析（图1-1）。

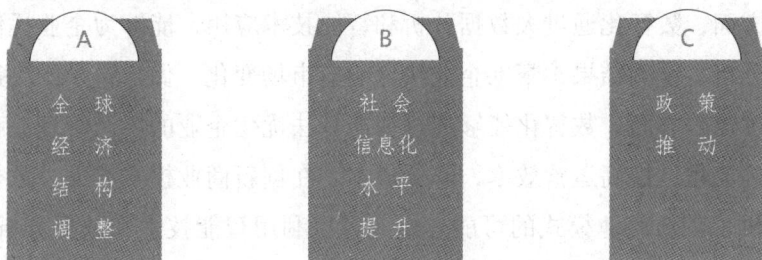

图1-1　不同角度的背景分析

（1）在当今世界，全球经济结构正经历前所未有的深刻调整。这种调整的核心是知识经济和分享经济等新型经济模式快速崛起。这些新经济模式以信息技术为基础，强调知识、信息和创新的价值。新经济模式对企业提出了新的挑战：在动态、竞争激烈的市场环境中，企业必须具备快速适应变化、灵活调整战略的能力。在此背景下，数智化的重要性日益凸显。数智化通过智能技术和数据分析技术为企业提供了准确决策、优化管理的新路径，成为推动经济结构调整和促进企业转型升级的关键力量。

---

① 申冰.《数智纪》：新时代纪录片的"数智化"转型路径 [J]. 传媒，2023（14）：77-79.

全球经济结构的调整主要表现在以下几个方面。

一是知识经济的兴起。知识经济强调的是知识和信息资源的经济价值，以技术创新为核心，通过知识创造、传播和应用推动经济增长。在知识经济中，企业的竞争优势越来越依赖创新能力和知识资产的积累。

二是共享经济的发展。共享经济通过互联网平台实现资源共享利用，打破了传统的所有权和使用权的界限，提高了资源利用效率，创造了新的价值和市场机会。

三是产业数字化转型。在全球经济结构调整的背景下，各行各业都在经历数字化转型。数字化转型不仅包括企业内部流程的数字化，也涉及商业模式和市场服务方式的变革。

数智化在全球经济结构调整中发挥着重要的作用。在全球经济结构调整的背景下，数智化成为企业应对变化、寻求发展机遇的重要途径。在支持快速决策方面，数智化通过大数据分析和智能技术应用，能够为企业提供实时的市场分析、预测结果，帮助企业快速响应市场变化、做出科学的决策。在优化管理流程方面，数智化能够通过智能算法优化企业的生产管理流程、供应链管理流程，提高运营效率，降低成本。在创新商业模式方面，数智化为企业提供了创新商业模式的可能。企业可以利用智能技术和数据分析技术，开发新产品，探索新服务模式，以适应知识经济、分享经济发展需求。在增强企业竞争力方面，在知识经济和分享经济环境中，数智化能帮助企业通过技术创新和智能服务提升竞争力、实现可持续发展。

（2）在当代，社会信息化水平的提升已成为推动数字化向数智化转型的关键因素之一。数字化向数智化转型不仅反映了技术进步的必然趋势，也体现了信息技术应用需求的变化。社会信息化水平的提升是技术发展的结果，是推动社会、经济数智化转型的重要驱动力。随着互联网技术、移动通信技术、云计算技术等信息技术的广泛应用，信息获取、处理与传播的便捷性和效率显著提升，个人和企业对信息技术的依赖度日益提高，促进了数智化技术的发展和应用。

社会信息化水平的提升为数智化提供了坚实的基础。信息技术的普及带来了海量数据，这些数据成为数智化转型的重要资源。人工智能技术、大数据分析技术、云计算技术等关键技术的发展，为处理和分析大量数据提供了可能，推动了简单的数字化处理向更为复杂的数智化分析和应用转变。另外，公众对信息服务的期待不断提高。随着社会信息化水平的提升，人们不再满足于传统的信息服务方式，而追求更加高效、精准和个性化的信息服务。公众需求的变化直接推动了数智化技术的创新和应用，使得数智化转型成为满足社会发展需求、提升信息服务质量和效率的必然选择。社会信息化水平的提升还促进了新经济模式（如共享经济、平台经济等）的兴起，新经济模式离不开信息技术的支持。数智化转型为新经济模式提供了技术基础，使得经济发展方式更加灵活、高效。

（3）众多国家和地区认识到，数字经济的快速发展深刻改变了传统产业的面貌。很多国家将推动数字经济发展作为国家战略，出台一系列政策，不仅为数智化转型提供了良好的政策环境，也为数智化转型提供了资金、技术支持，促进了信息技术的创新和应用，加速了社会、经济数智化转型。

政府对数智化转型的政策支持主要体现在创造有利的政策环境上。政策涉及数据开放、技术标准制定等，为数智化转型中的数据共享和技术应用提供了指导。在资金和技术方面，政府通过财政投入、税收减免、研发资助等，激励企业和研究机构增加在信息技术领域的投入。这些政策降低了企业研发和应用新技术的成本，加速了信息技术的创新和推广，促进了企业数智化转型。政府还积极建设公共服务平台，如大数据中心、云计算服务平台等，为企业提供技术服务，促进技术研究成果的转化和应用，为企业数智化转型奠定技术基础。

在推动国际合作方面，政府通过参与国际对话和合作项目，引进国外的先进技术和管理经验，促进了国内外信息技术领域的交流与合作。国际合作不仅有助于提升国内信息技术的研发水平，也为企业开拓国际市场提供了机遇。

政府还致力构建健康的数字经济生态系统。通过支持数字基础设施建设、优化数字服务市场、鼓励数字产业集群发展等措施，政府营造了良好的数字经济发展环境，为数智化转型提供了丰富的资源和广阔的发展空间。

（二）触发因素

数字化向数智化转型的触发因素如图1-2所示。

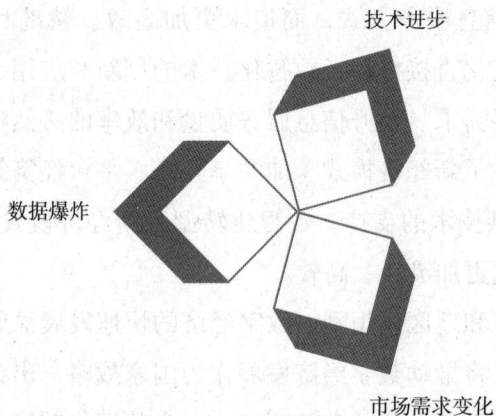

技术进步

数据爆炸

市场需求变化

图1-2　数字化向数智化转型的触发因素

（1）技术进步作为推动社会从数字化向数智化转型的直接因素，近年来展现出前所未有的动力和效率。人工智能技术、大数据技术、云计算技术、物联网技术等技术的共同推动，使得处理大规模数据集、实现复杂数据分析和预测变得可能。这些技术的成熟和应用直接促进了社会、经济数智化转型，为社会、经济发展揭开了新的篇章。

技术进步使数据处理能力大幅度提升。例如，人工智能技术，尤其是深度学习技术，赋予了机器越来越强的认知能力和学习能力，使得机器能够处理和分析以往难以想象的复杂任务，如图像识别、语言理解、决策支持等，大大拓展了数据应用的边界。大数据技术为海量数据的存储、管理和分析提供了有力的支持，使得从数据中提炼出有价值的信息成为可能。企业可以通过智能分析来优化决策，提升产品和服务质量，开拓新的商业模式。政府能通过数智化手段提高治理效率，增强公共服务的针对性和有效性。对个人而言，数智化带来的是更加便捷、个性化的生活。

（2）在过去的几十年中，随着互联网的迅速发展与普及，全球迎来了前所未有的大数据时代。大数据时代以数据的爆炸式增长为显著特征。数据量的激增为数据分析和智能决策提供了前所未有的丰富资源。数据资源价值的实现在很大程度上依赖对数据进行有效的处理和分析。在此背景下，数字化的手段虽然为数据收集、存储、传输等提供了基本解决方案，但在数据的深入分析和智能应用方面显得力不从心。这促进了数智化转型。数智化转型通过应用先进的技术，如人工智能技术、大数据分析技术等，实现对数据进行深入的挖掘和分析，实现数据价值的最大化。人工智能技术能够高效地处理和分析大规模数据集，还能够在数据中发现模式、趋势和关联，为决策提供科学依据，为创新提供灵感。

　　数智化已经渗透社会、经济的各个领域。在商业领域，通过对消费者行为的深入分析，企业能够为消费者提供个性化的产品和服务，实现精准营销；在公共服务领域，政府通过大数据分析，能够更有效地规划城市发展，提升公共服务的质量和效率；在科学研究领域，研究人员通过大数据分析，能够揭示自然现象和社会现象的内在规律，推动科学进步。

　　（3）在经济全球化背景下，企业面对的市场环境越发复杂和充满挑战。市场需求不断变化。市场需求的变化成为企业数智化转型的重要驱动力。企业需要有预测市场需求变化的能力。企业为了在激烈的市场竞争中获得优势，应通过深入分析大量数据来对市场趋势进行精准预测，以便做出科学的决策。企业需要应用大数据分析技术和人工智能技术等，在庞大的数据海洋中发现有价值的信息，从而预测市场趋势，提升决策的准确性和时效性。为了提高运营效率、降低成本，企业也需要利用先进的信息技术来优化内部管理和运营流程。传统的运营管理方式已经难以适应快速变化的市场需求。数字技术虽然给企业带来了一定程度的运营效率提升，但在处理更加复杂的运营管理问题时，仍显不足。企业通过数智化转型，引入更加先进的信息技术，如智能算法和云计算技术，实现了对企业运营流程的优化，显著提高了运营效率，降低了管理成本，能够适应市场需求的变化。

　　随着消费者对个性化产品和服务需求的不断增加，企业应通过更加精细化的市场细分和个性化的产品、服务来满足消费者需求，以提升消费者满意度和忠诚度。数字技术的应用虽然在一定程度上实现了客户服务的个性化，但在面对更加复杂多变的消费者需求时，往往力不从心。园区进行数智化转型，利用机器学习技术、数据挖掘技术等，能够更深入地分析消费者行为和偏好，提供更为精准和个性化的客户服务方案，从而提升客户满意度和忠诚度。个性化客户服务需求，也是企业从数字化向数智化转型的重要驱动力。

第四节　数智化的内涵与特征

一、数智化的基本内涵

（一）数字智慧化

数字智慧化代表了在大数据基础之上，通过人的智慧与先进算法相结合，实现数据增值和效用提升。数字智慧化不单是云计算技术的延伸，也是大数据时代数据处理和应用方式的革新。数据不仅仅被收集和存储，也通过智能化分析和处理，转化为对决策有价值的信息。在数字智慧化的背景下，数据被视为一种重要的资源，其价值体现在能够通过智能分析和处理为各种决策提供支持上。智能分析和处理不仅包括对数据的基本分析，也涉及对数据之间复杂关系的挖掘，以及通过模式识别、预测分析等提前了解趋势和风险，为企业的战略规划、运营优化提供科学依据。

实现数字智慧化的关键在于将先进的数据分析技术与人类的智慧相结合。利用人工智能技术，可以对海量的数据进行深入分析和学习，识别出有价值的信息。人工智能技术的应用使得数据分析的精度和效率得到了提升。人工智能技术也能够处理和分析以往难以利用的非结构化数据，如文本、图片和视频等，进一步扩大了数据应用的范围。

数字智慧化在众多领域均具有广阔的应用前景。在商业领域，通过对消费者行为数据的智慧分析，企业能够准确地了解市场需求，制订有效的营销策略，为消费者提供个性化的产品和服务。在公共服务领域，政府通过对城市运行数据的智慧分析，能够科学地规划城市发展，提高公共服务的质量和效率。在医疗健康领域，通过对大量医疗数据的智慧分析，可以实现疾病早期预警和个性化治疗，提升医疗服务的质量和效果。数字智慧化的实施也面临诸多挑战，如数据隐私和安全问题、数据质量控制、跨领域数据整合等。这些问题的解决需要政府、企业和研究机构等多方共同努力。

（二）智慧数字化

智慧数字化通过高度自动化和智能化，改变了传统的工作模式和价值创造过程。智慧数字化代表着在数字化进程中融入智能化元素，实现从传统的人工操作到智能自动化的跨越。智慧数字化强调利用数字技术系统地管理和优化人类的智慧劳动，旨在通过技术手段将人类从烦琐、重复的劳动中解放出来，提升劳动效率和创新能力。智慧数字化不仅仅是技术的革新，更是工作模式、管理理念以及价值创造过程的深刻变革。

智慧数字化的核心在于运用先进的数字技术，如人工智能技术、大数据技术、云计算技术等，将人类的创造性思维和决策过程数字化、智能化。这包括利用算法自动处理和分析大量数据，以辅助或代替人类进行决策；运用机器学习技术优化工作流程，提高工作效率；利用自动化技术减少人力在重复性工作上的投入，让人类更多地从事创造性、战略性的工作。智慧数字化通过提高工作流程的自动化、智能化水平，给企业和其他组织带来了显著的效益提升。首先，智慧数字化能够显著提高数据处理的效率和准确性，使得企业能够在更短的时间内获得更为准确的业务信息，有助于企业做出科学的决策。其次，智慧数字化通过自动化技术减少了人力资源在低附加值工作上的投入，使得员工能够将更多精力集中于创新和策略制订等高价值活动上。最后，智慧数字化还能够通过精准的数据分析，为产品和服务的创新提供支持，推动企业持续发展。

智慧数字化在多个领域都有广泛的应用。在制造业中，通过智能制造系统可以实现生产流程的自动化控制和优化，提高生产效率和产品质量；在服务行业，利用大数据和人工智能技术可以为客户提供个性化的服务，增强客户体验；在医疗领域，智慧数字化技术可以辅助医生进行诊断和治疗，提高医疗服务的效率和精准度。智慧数字化给社会、经济的发展带来了巨大潜力，但其实施过程也面临多重挑战。技术方面的挑战包括确保算法的透明性和公正性，以及确保智慧数字化过程中产生和处理的数据安全；管理方面的挑战包括培养员工适应智慧数字化转型的新技能，以及在组织内部推动智慧数字化转型的文化建设。

（三）数字智慧化与智慧数字化结合

数字智慧化与智慧数字化的结合即通过整合人类智慧和数字技术，构建人机深度互动的新生态。两者的结合不是机器简单地辅助人类或人类控制机器，而是实现了人和机器之间智能的、动态的互补和协同，形成人机共生的关系，使得机器不仅能够执行人的指令，也能够学习人类的逻辑思维，实现自主学习和智能决策，甚至在某些领域超越人类的认知能力。人机深度对话的实现基于先进的人工智能技术，特别是深度学习技术。深度学习技术使得机器能够通过大量的数据学习人类的决策模式、思维逻辑和行为方式，模拟人类的认知过程。通过不断学习和训练，机器能够逐渐理解人类的语言和意图，实现与人类的有效交互。在人机交互过程中，机器不仅是人类命令的执行者，也是能够主动提供解决方案和决策支持的合作伙伴。

数字智慧化与智慧数字化的融合实质上是对人类智慧和机器智能的深度整合。数字智慧化关注利用数字技术加强人类智慧应用。智慧数字化侧重于利用数字技术将人类从烦琐劳动中解放出来。两者的结合实现了从数据到知识，再到智慧的转化，通过技术手段将人的智慧与机器的计算能力有机结合，提高了解决问题的效率和创新能力。这种人机一体的新生态具有显著特征：首先，基于大数据分析，能够提供精准、个性化的服务；其次，通过持续学习，机器能够逐步优化自身的行为和决策，实现自主智能；再次，人机互动更加自然、流畅，机器能够更好地理解人类的需求和意图，人和机器实现有效的沟通和协作；最后，这种新生态推动了生产力的发展，促进了经济结构优化和社会进步。

二、数智化的主要特征

（一）数据化

数据化不仅关注数据的量化处理，也注重将各类业务信息转化为可分析、可操作的数据，进而支持组织的决策和业务创新。数据化过程涉及将现实世界中的各类信息和业务活动转换为数字格式的数据，以便于通过计算机系统进行高效的数据管理和分析。数据化包括数据的采集、存储、管理、分析和可视化等多个阶段，形成了数据生命周期。数据化的目的是挖掘数据潜在的价值，通过数据分析获得有用信息，支持科学、精准的决策。

在数字经济时代，数据已成为重要的资源。数据化使组织能够在海量数据中识别出有价值的信息，对业务流程、市场趋势、消费者行为等进行深入分析，提高运营效率。通过数据化，组织可以实现对市场的快速响应，预测市场变化，制订灵活、有效的策略。数据化渗透社会各个领域，如零售、金融、制造业、医疗、教育等领域。在零售行业，数据化可以帮助企业分析消费者购买行为、优化库存管理、实现个性化营销；在金融领域，通过对大量交易数据进行分析，可以评估风险、防范欺诈、提供定制化金融产品；在制造业中，数据化可以提高生产效率，降低成本，通过对生产过程的实时监控和分析，预防设备故障，确保生产安全。通过对大规模数据的有效管理和分析，数据化为组织提供了深入了解业务和市场的新途径，支持决策和业务创新。要充分发挥数据化的潜力，组织不仅要关注数据的收集和分析，也要重视数据安全、隐私保护和数据质量管理，确保数据化过程的安全、高效和可靠。

（二）智能化

智能化是指利用人工智能技术，实现业务流程的根本性变革，提高工作效率，减少错误，创造新的价值和机遇。

智能化的核心技术是人工智能技术。人工智能技术为机器提供了模仿人类认知过程的能力，使机器可以学习、推理、自我修正等。机器学习是人工智能的一个子集，使得机器能够从数据中学习、识别模式并做出决策。深度学习作为机器学习的一种方法，通过神经网络模拟人脑的工作机制，能够处理复杂的、非结构化的大数据。智能化涵盖智能制造、智慧城市、智能医疗、金融科技等领域。在智能制造中，智能化技术能够实现生产线自动化控制和优化，提高生产效率和产品质量；在智慧城市建设中，通过智能化管理、分析城市运行的各种数据，可以提高城市管理的效率和居民的生活质量；在智能医疗领域，智能化技术可以辅助医生进行疾病诊断，提供个性化治疗方案。

智能化技术的应用给传统业务流程和管理模式带来了根本性的变革。首先，智能化技术通过自动化和智能化的数据分析，显著提高了决策的速度和准确性。其次，智能化技术能够根据环境和条件的变化，自动调整业务流程和操作模式，实现业务流程的自我优化。智能化还能够创造全新的商业模式和服务模式，如基于大数据和 AI 算法的个性化推荐系统已成为电子商务等领域的标配。确保数据的准确性和完整性是智能化成功的前提。同时，需要警惕算法偏见可能带来的不公平现象。智能化过程中产生的大量个人数据，对隐私保护提出了更高要求。

（三）数据可视化

数智化将庞大、复杂的数据集转换成直观、易于理解的视觉形式，帮助决策者迅速把握信息、找到问题并做出有效的决策。在数字化时代背景下，数据的量级日益庞大，传统的数据处理方式已难以满足快速决策的需求，数据可视化因独特的优势而成为解决该问题的有效手段。数据可视化是指利用图形化手段将数据转换为表、图形、地图等视觉表示形式。这一过程不仅包括数据的视觉展示，也涉及通过视觉设计有效传递信息、揭示数据背后的模式和趋势。通过可视化，复杂的数据被简化为直观的图形。非专业人士也能轻松理解数据蕴含的意义。

数据可视化的重要性在于能够极大地提升数据的传递效率和决策的速度。可视化的数据比文字更容易被人脑快速识别和处理，可以帮助决策者快速抓住关键信息、发现数据之间的关联，在短时间内做出精准的判断和决策。此外，数据可视化还能够增强信息的说服力，通过直观的图表向利益相关者展示分析结果，支持沟通和报告。数据可视化广泛应用于商业智能、金融分析、市场研究、公共管理等领域。在商业智能中，数据可视化工具可以帮助企业监控关键绩效指标、实时了解业务状态；在金融分析中，数据可视化技术能够揭示市场趋势和风险点，支持投资决策；在公共管理领域，通过对公共数据进行可视化分析，政府可以更有效地规划城市发展，提升公共服务质量。随着数据可视化技术的发展，如何选择合适的数据可视化方法和工具、如何避免视觉呈现的误导，尤其是如何利用最新的数据可视化技术（如交互式可视化、虚拟现实可视化）实现丰富、动态的数据展示，是当前的热点话题。

（四）协同化

协同化指的是通过构建多方协作的数字化平台，实现企业内部及企业与外部在各个方面的协作。这种协同不仅充分发挥了集体智慧，还显著提升了不同组织以及不同业务流程的同步性和协调性，促进了组织运营效率和效果的提升。协同化基于一种理念：在数字化时代，组织的竞争力不仅来自单一实体的效率和创新，也来源于跨部门、跨组织乃至跨行业的协同合作。数字化平台的建设和应用可以打破传统的信息壁垒，实现信息资源的共享与流通，促进不同主体的协作与创新。

协同化对提高企业的竞争力具有重要意义。一是企业内部协同可以优化企业的工作流程，提高工作效率，降低运营成本。例如，企业利用企业资源规划系统，可以实现财务管理、人力资源管理、生产制造等多个业务模块的信息整合和流程自动化。二是企业外部协同能够加强企业与供应商、客户以及合作伙伴之间的联系，通过共享数据和资源，实现供应链的优化，提高企业的市场响应速度和服务质量。协同化涵盖了供应链管理、客户关系管理、项目协作、知识管理等多个方面。在供应链管理中，企业通过构建数字化平台，可以实现对订单处理、库存管理、物流配送等环节的实时监控和协调，提高供应链的整体效率和响应能力。供应链信息交换能够保证企业内部、企业与其他平台之间的信息共享与数据交换，解决信息孤岛问题，促进一体化管理模式的形成，提高企业运营效率。[①] 在客户关系管理方面，利用客户关系管理系统收集和分析客户数据，企业可以为客户提供个性化的服务，提高客户满意度和忠诚度。企业构建协同化的数字化平台，需要整合不同来源、不同格式的数据，这对技术架构和数据处理能力提出了高要求。要实现协同化，企业还需要建设开放、合作的企业文化，鼓励信息共享和团队协作，这对组织管理提出了挑战。

（五）服务化

服务化是指通过技术创新将数智化融入产品和服务设计、开发及交付过程中，实现对客户服务的全面优化。服务化转型不仅关乎技术的应用，也关乎通过科技驱动，提升客户体验和客户满意度，进而获得可持续的竞争优势。服务化的核心在于将数智化技术和方法整合到服务设计和交付过程中，从而使服务更加智能、个性化和高效。服务化包括利用数据分析技术、人工智能技术、云计算技术等对客户需求进行精准识别、预测和满足，以及通过数字化平台为客户提供便捷、灵活的服务。服务化的目标是通过技术创新来提升服务质量，增强客户体验，创造更大的商业价值。

在数字经济时代，服务化已成为企业竞争力的重要来源。随着消费者对服务质量和体验的要求不断提高，传统的产品导向模式已难以满足市场需求。服务化能够帮助企业从以产品为中心转变为以客户为中心，通过为客户提供贴心、高效和个性化的服务，增强客户黏性，提高客户对品牌的忠诚度。服务化还能够为企业开辟新的增长点，通过为客户提供增值服务创造新的收入来源。确保个人数据安全和隐私安全是服务化成功的前提。企业需要建立严格的数据保护机制。此外，如何在保证服务个性化的同时，实现服务的标准化和规模化，也是服务化过程中需要解决的问题。

---

① 刘伟华，李波．智慧供应链管理 [M]．北京：中国财富出版社有限公司，2022：184．

第五节　数智化的核心技术

人工智能技术、大数据分析技术、区块链技术和第五代移动通信技术（5th generation mobile communication technology, 5G）等技术的融合，构成了数智化时代的核心技术框架。这些技术的集成使用不仅极大地加快了信息技术发展步伐，还为社会、经济的数智化转型奠定了坚实的技术基础。人工智能的算法和计算能力，使得机器能够模拟甚至超越人类智能，提高决策的速度和准确性。大数据分析技术能够处理和分析海量数据，揭示数据背后的趋势和模式。区块链技术为人们提供了一种新的数据存储和交换机制，增强了数据的安全性。5G极大地提高了数据传输的速度，增强了数据传输的稳定性，为实时数据处理和远程控制提供了可能。

一、人工智能技术

人工智能技术是数智化的关键技术之一，通过模拟人类的认知过程，如学习、推理、自我修正等，赋予机器前所未有的智能化功能。人工智能技术的进步改变了传统的数据处理、分析方式，给社会各个领域带来了变革。人工智能的基本原理是通过算法模型来模拟人类的认知功能，这些算法模型能够对大量数据进行分析和学习，识别模式，做出判断，解决问题。AI的核心是机器学习，特别是深度学习技术。AI通过建立复杂的神经网络，使得机器能够处理和分析以前无法处理的大规模复杂数据。

AI的应用范围很广，涵盖了自然语言处理、机器视觉和深度学习等多个方面。在自然语言处理领域，AI能够帮助机器理解、翻译和生成人类语言，大大提高了机器与人的交流效率。在机器视觉领域，AI使得机器能够识别、处理图像和视频数据，广泛应用于安防监控、自动驾驶等领域。深度学习技术的发展推动了 AI 在医疗诊断、金融分析、智能制造等领域的广泛应用。数据安全和隐私保护是 AI 发展中需要关注的问题之一。如何在保护个人隐私的同时，有效利用数据资源，是 AI 发展中必须解决的问题。AI 的可解释性和伦理问题也成为人们关注的焦点。尽管 AI 的发展面临一些挑战，但 AI 的发展也给社会经济的各个领域带来了机遇。AI 的应用不仅能够提高生产效率，优化用户体验，还能够推动产品和服务的创新，为社会、经济的发展开辟新的路径。

二、大数据技术

大数据技术指的是收集、存储、管理、分析和解释大规模、复杂数据集的技术体系。这些数据集通常超出了传统数据库软件处理能力。大数据的核心特点可以用 "4V" 来概括，即体积（volume）、速度（velocity）、多样性（variety）和真实性（veracity）。这些特点共同决定了大数据的范畴，也指明了大数据处理的复杂性和挑战性。大数据技术能够有效处理和分析结构化数据、非结构化数据以及半结构化数据，揭示隐藏在数据中的联系、趋势和模式。通过应用大数据技术，如数据挖掘技术、预测分析技术、文本分析技术等，组织能够获得实时的业务信息，为决策提供强有力的数据支持。

大数据技术在当代社会的各个领域都有广泛应用，如商业、医疗健康、金融服务、公共管理等领域。在商业领域，大数据技术能够帮助企业分析消费者行为，优化产品和服务，实现个性化营销。在医疗健康领域，分析大规模健康数据，可以预测疾病发展趋势，实现精准医疗。在金融服务领域，大数据技术应用于风险管理和欺诈检测，保障交易安全。在公共管理方面，通过大数据分析，政府能够有效地规划资源，提高公共服务效率。在实际应用中，大数据技术也面临数据质量管理、数据安全和隐私保护等挑战。数据质量直接影响数据分析结果的准确性和可靠性。因此，确保数据的准确性、完整性和一致性至关重要。随着数据量的急剧增长，如何保护个人隐私和数据安全也成为大数据技术应用中需要特别关注的问题。

未来，大数据技术将继续向智能化、精准化的方向发展。大数据技术结合人工智能等先进技术，会使大数据分析变得更加智能和高效。5G、物联网技术的发展，将产生更多实时数据，这将给大数据分析带来新的机遇和挑战。同时，数据治理和隐私保护的技术也将不断进步，以适应大数据时代的要求。

三、区块链技术

区块链技术作为数智化的核心技术之一，具有去中心化、不可篡改和透明性特点，为数据安全和信任机制提供了新的解决方案。在快速发展的数字经济中，数据的安全性和信任问题成为企业和个人关注的焦点。区块链技术恰好能够应对这些挑战，推动社会、经济的数智化进程。区块链技术是一种分布式账本技术，在网络中的多个节点分布式存储数据，每一笔数据交易都会被记录在一个区块中，并通过加密算法链接到之前的区块上，形成一个连续的链。这种结构确保了数据记录的不可篡改性和全历史的可追溯性。区块链技术的去中心化降低了对中心权威机构的依赖度，提高了系统的透明度和安全性。

区块链技术在数智化转型中的应用极为广泛。一是区块链技术能够确保数据的完整性和安全性，支持安全的数据共享和交易，这对金融、医疗健康、版权保护等领域尤为重要。二是通过优化供应链管理，区块链技术可以提高供应链的透明度，实现产业链各环节的信息共享，大大提高供应链的效率和响应速度。三是智能合约可以自动执行合同条款，减少交易成本和时间，推动业务流程的自动化和标准化。不过，目前的区块链技术发展和应用也面临一些挑战。首先是技术成熟度的问题，当前区块链技术在性能方面仍存在局限，需要进一步的技术创新和优化。其次是对法律法规的适应性问题，区块链技术的去中心化特性与现有的法律框架存在冲突，需要制定相应的法律法规和标准。此外，用户对区块链技术的理解和接受也是推广应用区块链技术的一个挑战。

四、5G

5G 极大地加快了数据的传输和处理速度，为实时数据分析和智能决策提供了技术保障。5G 的应用和影响遍及自动驾驶、远程医疗、智能城市等多个领域，5G 为构建高度互联互通和智能化的社会提供了可能。5G 的核心特性可以概括为高速度、低延迟和大连接数：5G 的峰值传输速度比第 4 代移动通信技术（the fourth generation mobile communication technology，4G）快数十倍，这为大容量数据的快速传输提供了条件；5G 网络的延迟可低至 1 毫秒，这对需要实时响应的场景，如自动驾驶和远程控制，具有至关重要的意义；5G 能够支持每平方千米百万级的设备连接，这为大规模物联网设备的部署和应用打下了基础。

5G 为数智化提供了强大的通信支撑，尤其在以下几个方面表现突出。

一是自动驾驶。5G 的高速度和低延迟特性使得车辆能够实时接收和处理大量数据，确保自动驾驶系统的快速反应和决策。

二是远程医疗。5G 支持高清视频的实时传输和远程操作设备的低延迟控制，使得远程手术和诊断成为可能，极大地提高了医疗服务的可及性和效率。

三是智能城市。5G 能够连接大量的城市管理系统、交通控制系统和环境监测设备，实现城市的智能化管理和服务，提高城市运行效率和居民生活质量。

第六节　数智化的发展趋势

一、数据治理与安全

（一）数据隐私保护的策略

在数智化的浪潮下，数据隐私保护成为一个严峻的问题。随着技术的进步和数据的广泛应用，在利用数据带来便利和效益的同时，确保个人隐私不被侵犯，已经成为社会、企业、个人必须面对的重大挑战。在这样的背景下，数据隐私保护的新策略应运而生，涵盖了技术创新、法律法规完善以及企业和其他组织内部管理等多个方面。在数智化深入发展的今天，这些策略的实施不仅是对个人隐私权的尊重和保护，也是构建数字社会信任体系的基石。随着相关技术的不断进步和法律法规的日益完善，未来的数据隐私保护将更加有效，为数智化社会的健康发展提供可靠保障。

1. 数据隐私保护的技术策略

加密技术一直是保护数据隐私的重要技术。随着计算能力的提升和加密算法的创新，如同态加密和零知识证明等先进技术的出现，使得数据在保持加密状态下被处理和分析成为可能，极大地提高了数据使用的安全性。数据匿名化处理是指通过技术手段去除或替换数据集中的个人识别信息，以防止在数据使用过程中泄露个人身份信息。匿名化和伪匿名化技术的应用，能够在确保数据分析价值的同时，最大限度地保护个人隐私。区块链技术等分布式账本技术通过去中心化的数据管理模式，增强了数据存储的安全性。这种技术不仅可以有效防止数据被未授权访问和篡改，还能通过智能合约等手段，确保数据的使用符合隐私保护的规定。

2. 法律法规的完善

随着数据隐私问题的日益凸显，各国政府和国际组织加强对数据隐私保护的立法工作。例如，欧盟的《通用数据保护条例》（General Data Protection Regulation, GDPR）为个人数据提供了强有力的保护，明确了数据主体的权利和数据处理者的义务。这类法规的制定和实施，为数据隐私保护提供了坚实的法律基础。

3. 企业和其他组织的自我约束

在法律和技术的支持下，企业和其他组织积极探索数据隐私保护的内部管理机制。通过制定严格的数据治理制度，制定数据隐私保护的标准，设计数据隐私保护流程，加强员工的隐私保护意识培养，企业能够在内部形成一种尊重和保护数据隐私的文化。

（二）数智化中数据治理的重要性

数据治理是确保数据质量、安全性及合规性的关键环节，其重要性日益凸显。数据治理不仅涉及数据的采集、存储、管理、分享和使用的全过程，还包括对数据质量、数据安全以及数据隐私保护的全面监控和管理。随着数据量的爆炸式增长和数据应用场景的不断拓展，良好的数据治理机制是支撑企业和其他组织在数智化道路上可持续发展的基石。数据治理指的是对组织内外的数据进行系统的规划、监督和管理的一系列过程，包括数据质量管理、数据安全和隐私保护、数据标准化和元数据管理、数据生命周期管理等多个方面。通过有效的数据治理，组织能够确保数据的准确性、一致性、可用性和安全性，从而为决策提供可靠的数据支持。

数据质量直接影响到数据分析的准确性和可靠性。良好的数据治理通过制定数据标准，建立质量控制机制，确保数据的准确性和完整性，减少数据错误和冗余，提高数据的可用性。数据泄露和隐私侵犯事件频发，数据安全和隐私保护成为组织不可忽视的问题。数据治理通过严格的数据访问控制、加密传输和匿名化处理等措施，保护敏感数据不被未授权访问和滥用，同时符合相关法律法规的要求。在全球化的商业环境下，组织需要遵守不同国家和地区的数据保护法规。数据治理能确保组织的数据处理活动符合相能关法规的要求，避免因违规而产生的法律风险和经济损失。数据治理通过确保数据的质量和可信度，为数据驱动的决策提供了坚实基础。组织能够利用高质量的数据进行深入的数据挖掘和分析，支持业务创新和优化。有效的数据治理能够打破数据孤岛，促进组织内部不同部门的数据共享和协作。数据治理通过制定统一的数据标准，建立数据共享机制，能加强跨部门的信息流通和协同工作，提升组织的运营效率。

（三）加强网络安全技术创新

在数智化时代背景下，保障网络安全成为维护数据完整性、保障信息系统正常运行的重要环节。随着网络攻击手段的不断复杂化，传统的网络安全防护措施已难以满足信息系统对安全性的高要求。因此，加强网络安全的技术创新显得尤为重要。通过不断的技术进步，提升网络安全防护能力，保护数据和信息系统免受各种网络威胁的侵害。随着量子计算等新兴技术的发展，传统的加密技术面临被破解的风险。因此，发展新型加密技术，如量子加密和同态加密，成为加强网络安全的重要方向。这些新加密技术能够在不解密数据的情况下进行数据处理和分析，从根本上提高数据在传输和存储过程中的安全性。零信任安全模型是一种新的网络安全防护策略，它的核心原则是"永不信任，总是验证"。与传统的安全模型不同，零信任安全模型要求对网络内外的所有用户和设备进行严格的身份验证和权限控制，确保只有被授权的用户和设备才能访问资源。这种模型能够有效降低内部威胁和跨域攻击的风险。

（四）开发数据要素新价值

在当今数智化的浪潮中，数据被普遍认为是新型的生产要素，对经济、社会发展的推动作用日益凸显。数据要素不仅能够催化传统生产要素的创新和升级，还能推动传统产业和新兴业态融合发展。开发数据要素新价值的探索虽然尚处于初期阶段，但对促进经济结构调整和社会生产力发展具有重要意义。开发数据要素新价值是数智化时代的重要任务。组织不仅要重视数据的收集、存储和分析，也要注重数据与传统生产要素的融合创新，以及数据在新兴业态中的应用。

1.数据驱动的价值创造

在数字经济时代，数据的积累和分析成为企业获取竞争优势的关键。通过对大规模数据的挖掘和分析，企业能够洞察市场趋势，优化产品和服务，实现个性化营销，提高运营效率。数据要素与资本、技术、劳动力等传统要素融合，催生了一系列新的商业模式和服务模式，如基于"数据＋资本"的供应链金融服务，为中小企业提供更为精准和高效的金融支持。

2.数字孪生与元宇宙

数字孪生技术通过创建物理实体的虚拟数字副本，使得企业能够在虚拟环境中模拟、分析和控制实际的生产过程，实现产品设计、生产制造和运营管理的优化。元宇宙作为一个基于"数据＋技术＋劳动力＋资本＋土地"的全新数字空间，为人们提供了一个沉浸式的交互平台，不仅能够拓展现实世界的社交、娱乐、教育功能等，还能为虚拟经济的发展开辟新天地。

3.促进产业升级与结构优化

开发数据要素新价值对促进产业升级和结构优化具有重要作用。通过深度挖掘数据潜能，传统产业（如农业、制造业等）能够实现智能化转型，提高生产效率和产品质量。同时，数据要素的有效利用为新兴产业的发展提供了丰富的资源和广阔的空间，如大数据分析技术、云计算、人工智能等都成为推动经济增长的新动力。

二、虚拟办公与虚拟企业

（一）虚拟办公

虚拟办公是指利用互联网、云计算、移动通信技术等，创建一个不受物理空间限制的工作环境，允许员工在任何有网络的地方完成工作任务。它的核心优势包括能加强团队协作、增强时间和地理位置的灵活性、节约成本、提高工作效率。

1. 加强团队协作

一是实现了实时信息共享与访问。在虚拟办公模式下，云存储服务的运用促进了信息的实时共享与访问。团队成员可以随时随地访问存储在云端的数据，不受时间和地点的限制。这不仅加快了信息流通的速度，也为远程团队协作提供了强有力的支持。

二是协作工具提高沟通效率。虚拟办公环境中的协作工具，如在线聊天软件、共享白板、实时协作文档编辑器等，为团队成员提供了沟通和协作的平台。这些工具能够帮助团队成员克服物理距离带来的障碍，实现实时交流和协作，有效提高了工作效率和质量。

三是实现了便捷的跨地域合作。通过视频会议软件和其他远程协作工具，虚拟办公使得跨地域合作变得前所未有的便捷。不同地域的团队成员可以轻松参与讨论和决策，实时展示和分享工作成果，如同面对面沟通一样高效。

2. 增强工作灵活性

一是工作时间具有弹性。虚拟办公技术为员工提供了弹性的工作时间安排。员工可以根据个人的时间安排和工作习惯自主选择工作时间，从而提高工作效率和生活质量，实现工作与生活的平衡。

二是工作无地域限制。虚拟办公消除了地理位置的限制，员工可以在任何有网络的地方工作，无论是家中、咖啡厅还是海外，这种工作自由极大提升了员工的满意度和积极性。

3. 降低企业办公成本

对企业而言，虚拟办公技术能够显著降低办公成本。虚拟办公省去了传统办公场所的租赁费用、设备投入以及相关的维护费用，也减少了员工通勤的时间和成本，提高了企业的运营效率。

（二）虚拟企业

虚拟企业是一种在经济全球化和信息技术迅速发展背景下兴起的新型企业运作模式。这种模式通过高度依赖网络信息技术，实现了企业资源的跨地域整合和优势互补，为应对激烈的市场竞争提供了新的解决方案。虚拟企业的核心在于通过信息网络集成分散在不同地域的资源、技术、人才等，形成一个以项目或目标为导向的临时性、灵活的组织结构。虚拟企业的运作方式标志着传统企业管理和组织形式的重大变革。

1. 虚拟企业的特征

第一，人力虚拟化。人力虚拟化是虚拟企业的显著特点之一。在虚拟企业模式下，企业不再受限于自有人力资源，而可以通过网络技术集成全球范围内的人才资源，为特定项目或目标协作。这种跨地域的人才整合大大扩展了企业的能力界限，提升了项目实施的效率和企业的创新能力。

第二，组织结构虚拟化。虚拟企业的组织结构不是固定不变的，而是动态变化的虚拟集成体，能够根据项目需求、市场变化等快速调整，超越了传统地理限制和组织界限限制。这种灵活的组织结构使得虚拟企业能够迅速响应市场变化、有效利用全球资源。

第三，信息网络化。信息网络是虚拟企业运作的基础。依托先进的信息通信技术，虚拟企业通过互联网、云计算平台等构建高效的信息交流和资源共享网络。信息网络化不仅能提高决策的速度和准确性，也为不同企业的协作提供了便利条件。

第四，组织动态化。虚拟企业的存在是以项目或产品为中心的，从组建、生产到解体的整个过程都是动态的、灵活的。组织的动态化使得虚拟企业能够根据合作项目的完成情况快速组建或解散，极大地提高了资源使用效率和企业的市场适应性。

2. 虚拟企业的优势

虚拟企业的优势如图 1-3 所示。

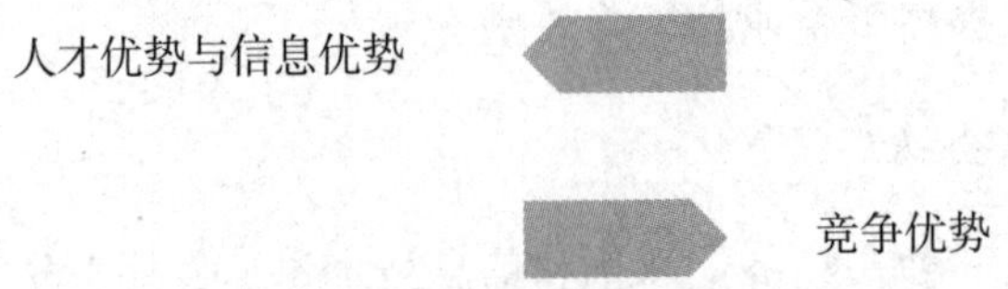

人才优势与信息优势

竞争优势

图 1-3　虚拟企业的优势

虚拟企业的优势在于通过网络技术打破地理限制，动态集聚全球优秀人才，形成强大的人才优势。同时，成员企业可以共享全球的技术、知识和信息资源，为保持产品和服务的先进性提供了坚实基础。同时，虚拟企业可以集聚全球资源，快速响应市场变化，有效降低运营成本，提高生产效率，形成独特的竞争优势。通过策略联盟和业务外包等，虚拟企业还能实现核心能力的共享，进一步增强竞争力。

三、数智化发展的高级阶段

（一）智慧城市与万物互联

在数智化时代，智慧城市与万物互联被视为数智化发展高级阶段的产物。智慧城市利用信息通信技术实现城市管理的智能化、服务的个性化和决策的科学化。万物互联是通过物联网技术实现数据的无缝交流和资源的高效利用。

1.智慧城市

智慧城市涉及多个方面，包括智慧治理、智慧交通、智慧环境、智慧生活和智慧经济等。这些方面相互关联，共同构成了一个高效、可持续和宜居的城市生态系统。智慧治理是智慧城市的基础，通过数字化的公共服务平台，实现政府服务的透明化、便捷化和高效化。利用大数据分析技术，政府能够科学地进行城市规划、资源配置和危机应对，提升公共服务的质量和效率。智慧交通通过应用物联网技术、大数据技术、云计算技术等，实现交通流量监控、智能信号控制、车联网等功能，有效缓解交通拥堵，降低交通事故发生率，提高城市交通系统的运行效率。智慧环境依托环境监测传感器和数据分析技术，实时监测空气质量、水质、噪声等环境指标，及时响应环境变化，有效保护和改善城市环境。智慧生活涵盖了医疗、教育、家居、购物等多个方面，通过互联网和物联网技术，为居民提供便捷、高效、个性化的生活服务，提升居民的生活质量，增强居民幸福感。

2. 万物互联

随着物联网的快速发展和移动通信网络的普及，万物互联的时代已经到来。① 万物互联是智慧城市的技术支撑，指通过物联网技术将各种信息感知设备和终端连接起来，实现数据的实时收集、传输和处理。万物互联不仅能够提升城市管理的智能化水平，还能使城市居民得到全新的生活体验。物联网设备部署在城市的各个角落，收集关于交通、环境、公共安全等方面的实时数据，通过互联网进行数据交换和共享，为城市管理和服务提供大量的实时信息。通过对海量数据的分析和处理，万物互联能够实现资源的优化配置，比如，实现智能电网的负荷平衡、智能建筑的能源管理，提高资源利用效率，促进城市的可持续发展。万物互联还催生了许多新的服务模式，如共享经济、远程医疗、在线教育等，这些服务模式在提高生活便捷性的同时，促进了经济的多元化发展。

（二）思频互联

在数智化的发展过程中，智慧城市与万物互联代表了技术与生活的深度融合，思频互联标志着数智化进入一个全新的、更为高级的阶段。思频互联不仅将技术的应用推向了文化层面，也为人类的交流与互动开辟了前所未有的路径。思频互联的核心在于将人的思维视为万物互联的一部分，通过高度发达的信息技术实现人与人之间思维的直接交流和共享，促进知识的迅速传播和文化的深度融合。

思频互联的核心思想是通过先进的信息通信技术，实现人类思维频率的互联互通。在思频互联模式下，人的思想、知识、情感等非物质形态的文化要素可以像数据流一样在网络中自由流动和交换，实现思想的即时共享和传播。这种直接的思维交流将促进人类社会的创新和文化发展，打破传统交流的时间和空间限制，提高交流的效率和深度。思频互联的实现依赖神经科学的突破以及信息技术的发展。当前，脑机接口（brain computer interface,

---

① 施巍松，孙辉，曹杰，等.边缘计算：万物互联时代新型计算模型 [J].计算机研究与发展，2017，54（5）：907-924.

BCI）技术已经能够将人脑活动转换为电信号，实现人与计算机的直接交互。未来，随着技术的进一步进步，人们可以期待通过特定的设备或接口，实现思维信号的直接捕捉和传输，从而达到思频互联的目的。

　　思频互联将为文化交流和创新提供全新的平台。人们的思想和知识可以在全球范围内无障碍地交流，这能促进不同文化的互动。这种深度的文化互动将加速知识的创新和传播，催生更多跨文化的创意和解决方案。思频互联展现了极具吸引力的未来图景，但在实现过程中也面临诸多挑战，如技术的复杂性、隐私保护、伦理道德等问题。如何在保障个人隐私和思想自由的前提下实现高效、安全的思维交流，是思频互联发展必须面对的重要问题。虽然要实现思频互联广泛应用尚有较长的道路要走，但随着相关技术的不断突破，思频互联有望成为促进人类文化深度融合与共同发展的重要力量。在未来，思频互联将不仅仅是一个概念，更是一种全新的文化现象，标志着人类社会进入一个全新的数智化时代。

第二章 科技产业园数智化转型升级的目标、原则与意义

第一节 科技产业园数智化转型升级的目标

一、建设智慧园区

智慧园区通过引入先进的信息技术，如物联网技术、大数据技术、人工智能技术等，对园区的基础设施、设备进行智能化管理，旨在提升园区的运营效率和安全性，同时为园区内企业提供高质量的数智化服务，促进产业的数智化转型和升级。智慧园区建设着力点如图 2-1 所示。

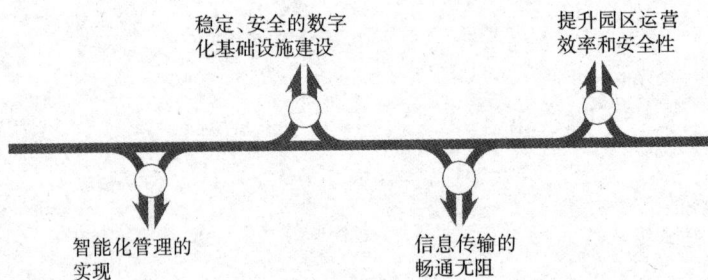

图 2-1 智慧园区建设着力点

智慧园区的智能化管理依托物联网技术，通过在园区内安装大量的传感器和智能设备，实现对园区内基础设施和设备的实时监控、管理。这些智能设备可以收集园区内能耗、安全、环境等方面的数据，通过云计算平台进行数据分析、处理，进而优化园区的能源管理、环境监控、安全预警等，确保园区的高效、安全运营。

为了支撑智慧园区的智能化管理，需要建设稳定、安全的数字化基础设施，如网络设施、数据中心、云计算平台等。网络设施保证了园区内外信息的快速传输，为园区内的企业提供了强有力的数据交换和通信保障。数据中心作为数据存储和处理的核心，需要具备高效率和高安全性，保障园区数据的安全存储和高效处理。云计算平台提供了弹性的计算资源，支持园区内的大数据分析和人工智能算法的运行，为园区管理和企业运营提供智能化决策支持。在智慧园区中，信息的畅通无阻是提升园区运营效率的关键。通过建设先进的网络设施和采用高效的信息传输技术，智慧园区能够实现园区内部、园区与外部信息传输快速、稳定。这不仅能促进园区内部管理信息的实时更新和共享，还能支持园区与外部客户、供应商、合作伙伴的高效沟通，提升园区的服务能力和市场竞争力。

通过智能化管理和高效的信息传输，智慧园区能够实现对能源消耗、环境质量、安全隐患等的实时监控和预警，从而及时调整管理策略，优化资源配置，降低运营成本，提升园区的运营效率和安全性。此外，智慧园区还可以根据企业的具体需求，为企业提供个性化的数字化服务，如远程办公服务、智能物流服务、在线培训服务等，提升园区内企业的运营效率和竞争力。

二、提升园区数智化管理水平

在当前的数字经济时代，科技产业园的数智化转型升级远不止建设智能化基础设施，还要求园区的管理也实现数智化升级。园区管理数智化升级不仅涉及硬件的升级和技术的应用，也涉及管理理念的更新、管理流程的优化以及决策机制的改进。园区通过提升数智化管理水平，实现对园区内各项业务的集中管理和精细化监控，利用数据分析技术为决策提供支持，能够更好地适应数字经济的发展趋势，提高自身的竞争力和可持续发展能力。

数智化管理是指利用数字化、网络化、智能化技术手段，对园区内的各项业务进行集中管理和精细化监控。这种管理模式依托先进的管理信息系统和大数据分析技术，通过对大量数据的实时收集、处理和分析，实现对园区运营情况的实时监控和预测，为园区管理提供决策支持。管理信息系统在数智化管理升级中扮演着核心角色。它通过整合园区内外的信息资源，建立起一个全面、实时的数据收集、处理和分析平台。这个平台不仅能够实现对园区内各项业务的集中管理，还能够提供各种管理报告和决策支持，帮助管理者快速响应市场变化，提高管理效率和决策质量。

大数据分析技术是实现园区数智化管理水平提升的关键技术之一。通过对园区内外产生的大量数据进行深入分析，可以揭示业务运营的规律和趋势，为园区的战略规划和日常管理提供科学依据。例如，通过分析园区内企业的能耗数据，可以优化能源分配，降低运营成本；通过分析客户行为数据，可以优化服务，提升客户满意度。实施数智化管理，园区需要采用一系列策略。首先，园区需要建设和完善数据收集和处理的基础设施，确保数据的全面性和准确性。其次，园区需要引入先进的管理信息系统和大数据分析工具，提升数据处理和分析的能力。再次，园区需要培养具有数字化思维的管理团队，提升全员的数智化管理意识和能力。最后，园区需要建立数据驱动决策的机制，确保园区管理的科学性和前瞻性。

在数智化管理的转型升级过程中，技术和设备的更新换代固然重要，人才的培养同样不容忽视。园区内人员的素质直接影响数智化管理的水平和效果。加强对园区内人员的培训，提高他们的数智化管理能力，成为园区数智化转型升级的重要目标。在数智化转型的背景下，园区内各层级人员面临新的挑战和要求。管理者需要具备数据驱动决策的能力，普通员工需要掌握使用数字化工具和平台的技能。如果园区内人员缺乏这些能力，就会直接影响园区运营效率和创新能力。通过系统的培训，不仅可以提升园区内人员的专业技能，还可以提高他们对数智化转型的认识和适应能力，为园区的持续发展和竞争力提升奠定坚实的人才基础。

园区内人员培训应涵盖数智化管理的各个方面，如数据分析、智能化设备操作、管理信息系统应用、新兴技术（如人工智能技术、物联网技术、大数据技术等）在实际工作中的应用等。培训内容的设计应充分考虑园区的实际需求和人员的基本情况，采用灵活多样的教学方式，如线上课程、研讨会、实操训练等，以提升培训的针对性和效果。随着技术的快速发展和业务需求的不断变化，仅仅进行一次性的培训是不够的。园区应建立持续培训机制，鼓励和支持员工不断更新知识和技能。园区可以建立内部知识分享平台，鼓励员工参加外部培训和学术会议，建立学习激励机制，等等。持续培训机制的建立有助于构建学习型组织，提高园区的创新能力和适应市场变化的能力。

园区的高层管理者对推动人员培训具有决定性的作用。管理者不仅需要认识到人才培养的重要性，还需要参与培训。园区管理者通过示范作用和对培训重要性的强调，可以有效提高园区内部人员对数智化管理培训的重视程度和参与热情。

三、促进产业升级与创新发展

如今，促进产业升级与创新发展是科技产业园数智化转型升级的重要目标。园区不仅需要建设完善的基础设施，还需要通过采取一系列战略措施，激发园区内企业的创新活力，推动产业结构优化升级，实现经济的高质量发展。产业升级与创新发展是科技产业园数智化转型升级的核心内容，对于提升园区的核心竞争力、推动高新技术产业发展、促进经济结构调整具有重要意义。园区通过引入高新技术企业和科研机构，不仅可以提高技术创新能力，还能促进产业集聚效应形成，促进产业链的延伸和优化，从而推动区域经济的整体升级和可持续发展。

创新孵化平台作为联结科研成果与市场需求的桥梁，对于促进产业升级与创新发展至关重要。通过建立创新孵化平台，科技产业园能够为初创企业和科研机构提供必要的技术支持、资金援助和市场导向服务，降低创新创业的门槛和风险，加速科研成果的转化。这样的平台不仅能吸引很多的创新型企业入驻，还能激发园区内企业的创新活力，促进产业升级和结构优化。

科技服务中心是支持产业园区内企业技术创新和产业升级的重要机构。通过为企业提供技术咨询服务、市场分析服务、知识产权保护服务等，科技服务中心可以帮助企业解决在技术创新和产业升级过程中遇到的问题，提高企业的研发能力和市场竞争力。此外，科技服务中心还能促进园区内外资源的整合，为企业提供更多的创新资源和市场机会，推动产业集聚和升级。在促进产业升级与创新发展的过程中，鼓励企业合作与创新是一项重要策略。科技服务中心通过建立企业合作机制，如建立产业联盟、创新工作坊等，可以促进知识和技术的交流、分享，激发创新思维和创新活动。这种跨企业、跨行业的合作，有助于打破传统行业壁垒，形成新的产业生态，推动产业链的整合与优化，实现互利共赢。

四、建设数智化管理平台，提高创新支持服务水平

第一，在科技产业园数智化转型过程中，建设一个集数据采集、分析、应用于一体的数智化管理平台，不仅能实现园区信息的高效流通和准确分析，还能为企业和园区居民提供便捷、高效的服务，促进产业园区与城市的融合发展。数智化管理平台通过整合园区内外的数据资源，为园管理和企业发展提供数据支持。这一平台能够实时采集园区内的各种信息，如企业运营数据、环境监测数据、安全监控数据等，通过先进的数据分析技术，对这些数据进行深入分析和处理，实现对园区运营的实时监控、预警和决策支持。

数智化管理平台的应用能提升科技产业园的管理效率。利用该平台，园区管理者可以实时掌握园区的运营状况，及时发现并解决问题，有效降低管理成本。该平台还能提供科学的数据分析报告，为园区的长远规划和决策提供依据，提升管理的科学性和前瞻性。数智化管理平台不仅服务于园区管理，还为园区内的企业提供支持。利用数智化管理平台，企业可以更方便地获取市场信息、技术资源和政策资讯，促进创新和产品开发。该平台还能促进企业间的信息交流和资源共享，推动产业链的协同发展。此外，通过线上

线下融合的服务模式，数智化管理平台还能促进产业园与城市的深度融合，推动数字经济生态圈的建设。数智化管理平台能够为园区居民和企业提供一站式的在线办事服务和在线交流服务。利用数智化管理平台，用户可以便捷地办理各种业务，获取所需服务。该平台提升了服务效率和用户体验。该平台还可以根据用户的需求和行为，为用户提供个性化的服务推荐，提升服务的精准性和用户满意度。

第二，通过数智化手段提供创新资源的在线共享服务、合作对接服务等支持服务，不仅能够加速知识的流动和技术的迁移，还能够促进不同企业和研究机构的合作，激发产业园内部的创新活力，增强产业园竞争力。数智化支持服务通过提供一个在线平台，使得园区内外的创新资源能够被广泛共享和利用。创新资源包括科研成果、技术专利、市场调研报告以及各种创新服务等资源。园区通过创新资源共享，可以降低创新主体获取资源的成本，提高资源利用效率，促进科技创新和技术转移。

在线共享创新资源的模式打破了传统资源共享的地域和时间限制，使得资源的获取和利用更加灵活和高效。企业和研究机构可以根据自己的需求，随时随地访问和使用共享的创新资源，加速研发进程。此外，创新资源在线共享还促进了跨领域、跨行业的创新合作，为解决复杂的科技问题提供了更多可能。数智化管理平台提供的合作对接服务，是实现资源共享和技术转移的重要途径。园区利用数智化管理平台，可以有效地匹配创新需求和资源供给，促进企业之间、企业和研究机构之间的深度合作。这种合作不局限于技术交流，还包括资金支持、市场拓展等多方面的合作，为创新项目的实施提供全方位的支持。数智化支持服务还能够有效地促进创新成果的孵化和转化。通过数智化管理平台，创新项目可以获得必要的资源和支持。此外，数智化管理平台还可以提供创业辅导服务、法律咨询服务等，促使创新成果成长为成熟的产品或服务，促进经济增长和社会进步。

五、加强创新文化建设

对于科技产业园而言，加强创新文化建设，不仅是提升核心竞争力的重要途径，也是培育创新生态系统、激发企业和个人创新热情的必要条件。科技产业园数智化转型的一个重要目标就是培育一种积极向上的创新文化，从而促进科技进步和产业升级。创新文化是指在一定社会和组织环境中，对创新持开放态度、鼓励尝试和容忍失败的文化。这种文化能够激励人们探索未知、追求卓越，促进知识的创造和技术的发展。在科技产业园中，积极的创新文化能够吸引和留住人才，激发人才创造力和创新能力，为园区内企业提供源源不断的动力。

数智化转型是利用数字技术改造传统产业和业务流程，提高企业运营效率和创新能力的过程。在创新文化建设中，数智化转型可以提供多样化的工具和平台，促进知识分享，提高协作效率，提升创新速度。通过建立在线协作平台、构建创新资源共享系统等，科技产业园能够创设开放、互助的创新环境，鼓励企业和研究机构交流、合作，共同解决技术难题，加速创新成果的孵化和应用。

科技产业园采用数智化手段，建立开放的交流和合作平台，促进园区内外的信息流通和资源共享。交流和合作平台可以帮助企业和创新者跨越地域和行业的界限、进行广泛的交流和合作。创新过程中可能会有失败。园区管理者应当建立创新激励机制和支持体系，鼓励企业和个人勇于尝试、即使面对失败也能够从中学习和成长。园区可定期举办创新工作坊、研讨会和培训，提升园区内人员的创新技能。同时，园区可引入外部专家和顾问，为企业提供指导和咨询服务，帮助企业了解科技发展趋势和先进的管理理念。园区可建立创新奖励机制，对在技术创新、产品开发等方面取得显著成就的个人或团队给予奖励和表彰，激发园区内部的创新热情。培育创新文化的策略如图 2-2 所示。

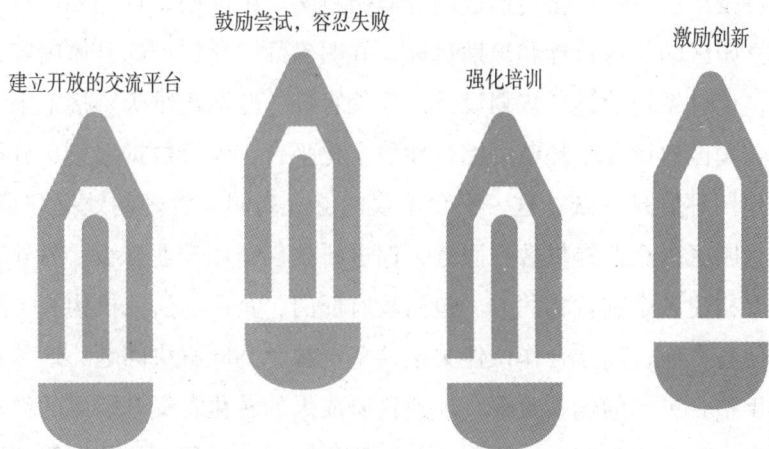

图 2-2　培育创新文化的策略

第二节　科技产业园数智化转型升级的原则

一、系统思维原则

当代的科技产业园数智化转型不仅仅涉及技术的应用和升级，也涉及全面整合与系统性思考，需要遵循系统思维原则，以确保转型措施的协同性和高效性。决策者要从整体上审视和考量科技产业园的发展需求，通过精心规划，实现园区的可持续发展和竞争力提升。系统思维原则强调的是对复杂系统进行整体性考虑，核心在于认识和处理系统中各个组成部分的相互关系。在科技产业园的数智化转型中，园区管理者不仅要关注单个技术的应用和更新，也要考虑如何将不同的技术整合，制订支持园区整体战略目标实现的综合方案。园区管理者应超越局部的优化，追求整体的最优解，确保各项技术和管理措施能够互相补充、共同推动园区的全面发展。

在科技产业园数智化转型过程中遵循系统思维原则，首先要进行全局规划，确立园区的长远目标和短期目标，并明确数智化转型的具体内容，如数据获取、信息系统建设、规划设计、建设管理、监测运维等。接下来，搭建一个覆盖园区建设各个环节的综合性数字化平台，整合数据采集、分析、应用，构建闭环管理系统。这一平台不仅能够提高园区管理的效率和精确性，还能够为园区内企业提供数据服务，促进科技创新和产业升级。另外，园区管理者要构建各个利益相关方（包括政府部门、企业、研究机构等）的协作机制，使各方通过建立合作伙伴关系共享资源、共同解决问题。这种合作模式有助于整合更多的创新资源，加速科研成果的转化，提升园区的创新能力和竞争力。在遵循系统思维原则进行数智化转型的过程中，园区管理者可能会面临多种挑战，如技术整合的复杂性、组织结构和文化的适应性问题、数据安全和隐私保护等。面对这些挑战，园区管理者需要采用相应的策略，如采用先进的技术解决方案、优化组织结构、建设数字化转型的文化、加强数据安全管理等。

二、数据驱动原则

在科技产业园数智化转型升级过程中，要遵循数据驱动原则，利用园区长期运营中积累的丰富数据资源，深入分析和应用这些数据，指导园区的决策和运营优化。遵循数据驱动原则，不仅能提升园区管理的科学性和精准性，还能促进产业创新和服务模式的革新。数据驱动的核心在于将数据视为重要的资产，系统性地收集、存储、分析和应用数据，以数据支持决策和操作。科技产业园的数据包括业务数据、产业数据、运营数据、服务数据以及企业成长数据等。这些数据的有效利用，能够帮助园区管理者从多个角度全面理解园区运营的现状、问题和潜在的发展机会，进而制订科学的运营策略。

在数智化转型实践中，遵循数据驱动原则，园区需要构建完善的数据收集与处理系统，进行数据采集、数据存储、数据分析和数据应用。首先，通过物联网、传感器、在线交互平台等，实时收集园区内外的相关数据。其次，利用大数据技术和云计算平台，对收集到的数据进行存储和管理，保证数据的安全、完整和可访问。再次，采用数据挖掘技术、机器学习技术等先进技术，对数据进行深入分析，识别出园区的发展趋势、问题和机会。最后，将数据分析结果应用于园区的日常运营和长期规划中，指导决策和策略调整。

遵循数据驱动原则的数智化转型升级，能够给科技产业园带来多方面的价值。一是提高园区决策的科学性和精确性。通过数据分析，能够准确地预测园区发展趋势，了解风险，从而做出合理的策略选择。二是促进园区运营效率和智能化水平提高。通过对园区运营数据的实时监控和分析，能够快速发现和解决运营中的各种问题，优化资源配置，提升服务质量。三是有助于园区内企业的成长和创新。通过深入分析企业成长数据，园区管理者可以为企业提供个性化、精准的支持服务，促进企业快速成长，促进产业升级。但园区数智化转型也面临诸多问题，如数据质量控制、数据安全和隐私保护、跨部门数据共享与协作等。为应对这些挑战，园区需要建立严格的数据管理制度，加强数据质量和安全监管，同时，推动构建开放共享的数据平台，促进园区内外数据的流通和共享，构建协同发展的生态体系。

三、创新引领原则

（一）以创新为核心，集聚创新资源

在经济全球化背景下，以创新为核心的数智化转型成为推动科技产业园向更高质量、更大效益、更强竞争力方向迈进的重要驱动力。在数智化转型过程中，集聚创新资源是实现科技产业园创新发展的基石，对于促进园区内企业创新成果的孵化和转化具有至关重要的作用。在科技产业园数智化转型中，创新不仅仅是技术的突破，也包括管理、业务、文化等多维度的创新。全方位的创新需要依托丰富的创新资源，如人才、知识、技术、资本和信息等资源。通过集聚这些资源，科技产业园能够构建创新的生态系统，为创新活动提供良好的条件，从而推动创新成果的快速孵化和有效转化。

数智化转型以创新为核心。科技产业园在数智化转型过程中，需要不断探索和应用先进的数字技术，如人工智能技术、大数据技术、云计算技术、物联网技术等，促进创新活动的高效进行。这些技术的应用不仅可以提高创新活动的效率，降低创新的成本，还能够开辟新的创新领域和方向。此外，数智化手段还可以帮助科技产业园更好地管理和利用创新资源。科技产业园通过数据分析，能发现创新资源的潜在价值，实现资源的最优配置和高效利用。

要集聚创新资源，科技产业园需要采用多元化的策略。首先，构建开放、合作的平台和机制，吸引国内外的高端人才、领先企业和研究机构入驻园区，构建创新的人才池和知识库。其次，加强与高校、科研院所的合作，促进科学研究成果的转化应用，同时提供创业孵化服务，支持初创企业和创新项目的发展。再次，利用数字化手段，建立创新资源共享平台，促进资源的跨界流动和高效对接，激发创新的活力。最后，营造良好的创新环境，鼓励创新思维和尝试，为创新活动提供充分的自由和支持。

以创新为核心的数智化转型，可以显著提升科技产业园的创新能力和竞争力。一方面，创新资源的集聚能够形成创新的集聚效应，吸引更多的创新主体，形成良性循环。另一方面，数智化手段的应用能够有效加速创新成果的孵化和转化，缩短创新周期，提高创新效率。此外，创新引领的数智化转型还有利于推动产业结构的优化升级，促进高新技术产业的发展，给科技产业园带来可持续的经济增长动力。

（二）持续创新与迭代优化

通过不断引入新技术、优化现有方案，并密切关注行业动态，园区可以有效提升竞争力和发展质量。持续创新是推动科技产业园适应未来发展需求、把握行业变革先机的关键。随着人工智能技术、大数据技术、云计算技术、物联网技术等的发展，园区管理和服务的数字化转型需求日益增加。这些技术的快速迭代要求园区持续引入新技术，不断优化现有的管理服务平台，以提升数据处理能力、决策分析准确度和预测的有效性。通过持续创新，园区可以更好地适应外部环境的变化，提高智能化管理水平和服务效率，从而在激烈的竞争中保持优势。迭代优化是持续创新过程中的一个关键环节，涉及现有系统和技术方案的持续评估和改进。在数智化转型的背景下，园区管理服务云平台需要不断地进行技术更新和功能扩展，以适应日益增长的管理和服务需求。迭代优化不仅包括技术的更新，还包括对平台架构、数据处理流程、模型构建方法等的优化，以提高平台的扩展性、融合能力和数据处理能力。通过迭代优化，园区可以更有效地利用数字技术进行运营管理和决策支持，提升园区的运营效率和发展质量。园区可以加强与技术供应商的合作，引入先进的技术和解决方案，如利用微服务架构提高系统的可扩展性和灵活性。同时，园区可以增加技术研发和创新投入，特别是在数据融合、传输和模型构建等关键技术上，通过自主研发或与科研机构合作来提升技术能力。园区还应建立持续学习和技术迭代的机制，定期对现有系统和技术方案进行评估和优化，确保技术和方案能够适应园区的发展需求和行业变化。

四、开放共享与服务至上原则

（一）开放共享原则

科技产业园遵循开放共享原则，建立开放的数字化平台，促进资源共享和合作创新，可以构建富有活力的创新生态系统。遵循开放共享原则的园区数智化转型升级，不仅有利于提升园区内企业的创新能力和竞争力，还能吸引更多的创新者参与园区的发展、共同推动科技进步和产业升级。开放共享的核心在于打破信息孤岛，促进知识、技术、数据等资源的流动和共享。通过建立开放的数字化平台，园区可以提供共享的资源池，使得园区内外的企业、研究机构、创新者等可以便捷地访问和利用这些资源进行研发和创新。资源共享能够激发园区内外创新主体的活力，加速知识的迭代和技术的进步，推动园区的创新能力和发展水平提升。园区不仅是物理空间的提供者，也是创新资源和服务的集成者。园区通过整合内外部资源，为企业提供研发、孵化、测试、应用推广等全链条的支持服务，帮助企业加速创新成果的落地应用。具体而言，在数智化转型过程中，遵循开放共享原则，园区需要采用一系列策略：一是园区需要构建完善的数字化基础设施，确保数字平台的高效运行和数据安全；二是园区应制定明确的制度，鼓励资源共享和协作创新，提供知识产权保护服务，激励创新成果共享；三是园区应加强与外部的联系，引入外部资源，建立合作网络，举办创新大赛等活动，吸引更多的创新者参与资源的开放共享。

（二）服务至上原则

科技产业园应遵循服务至上原则，创新服务理念，优化服务流程，提升服务质量，从而满足园区企业多元化、动态变化的需求。科技产业园不仅要拓展服务内容，还要创新服务方式，构建以用户为中心、响应迅速、高效、协同的服务体系。科技产业园应着眼于园区内外企业的实际需求，打造全产业链的一站式综合服务云平台，实现服务资源的集成管理和智慧化服务系统的统一接入，这样能减少服务环节中的冗余，还能通过跨部门、跨业务、跨专业的业务协同，显著提高服务效率，精准、快速地响应企业的需求，为企业提供个性化的服务解决方案。

科技产业园需要营造用户友好的服务环境，为用户提供易于导航的服务平台界面、快速响应客户需求的客户服务、个性化的服务推荐等。通过不断优化服务平台交互设计，园区可以显著提升用户体验，使企业能够更加便捷地获取所需服务。此外，持续收集和利用用户反馈信息，对于服务平台的迭代升级至关重要，有助于园区管理者深入了解企业需求、及时调整服务策略和内容，更好地满足企业发展的实际需要。园区还应采用先进的信息技术和管理方法，如大数据分析技术、云计算技术、人工智能技术等，对服务流程进行智能化改造，提高服务流程的透明度和可追踪性。通过设计标准化、模块化的服务流程，园区能够实现服务供给与需求的高效匹配和资源的优化配置，进而提升服务质量和客户满意度。园区也要持续追求服务内容和形式的创新，不断探索新的服务模式，应用新技术，以适应市场需求和技术发展趋势。园区不仅要引入新的技术、工具，创新服务，还应优化服务管理体系和服务评价机制，确保服务质量的持续提升和服务体验的持续优化。

五、可持续发展原则

在当前全球面临环境变化和资源压力的背景下，可持续发展已成为全社会共同追求的目标。科技产业园在推进数智化转型的同时，必须充分考虑环境、社会和经济的可持续发展，确保园区发展模式既能促进产业转型升级，又符合可持续发展的要求。科技产业园在发展过程中，不仅要注重节能减排、资源循环利用等环境友好型措施的实施，还要考虑园区对社会的积极影响以及经济发展的长期性和稳定性。科技产业园在数智化转型过程中，应遵循可持续发展原则，坚持环境保护、社会责任和经济效益统一的发展理念。园区不仅要追求经济效益最大化，也要兼顾环境保护和社会责任，促进经济发展、社会进步和环境保护相协调。

第一，在经济方面，科技产业园要注重园区发展的长期性和稳定性，在追求短期经济效益的同时，应关注长期发展战略和经济活动的可持续性。通过引入新技术和新模式，提升产业链的附加值，园区能够在促进经济增长的同时，确保资源的有效利用，保护环境，实现经济活动的长期可持续。

第二，在社会方面，科技产业园进行数智化转型，应当注重承担社会责任，如促进就业、提升员工福利水平、保障工作环境的安全和健康、支持社区发展等。园区应为人们提供就业机会、培训机会，参与社会公益活动，积极贡献于社会的可持续发展。

第三，在环境方面，科技产业园应采取各种措施，减小运营活动对环境的负面影响，如推广使用清洁能源、提高能源使用效率、实施节能减排措施、促进资源循环利用等。通过采取这些措施，园区不仅可以降低运营成本，还能减少温室气体排放，促进环境的可持续发展。

第三节　科技产业园数智化转型升级的意义

科技产业园已成为中国经济发展的重要引擎。在数字经济迅速发展的当下，这些园区不仅是产业发展的主力军和重要承载地，也是数字经济发展的前沿阵地。随着全球经济格局的变化和数字技术的持续进步，科技产业园的数智化转型已成为园区实现高质量发展、为国家经济发展做出更大贡献的关键因素。数智化转型不仅涉及产业结构的优化、创新能力的提升，还包括园区企业经营模式和管理方式的变革。实现园区的数智化转型，能为中国经济发展开辟新的增长点，为构建现代化经济体系提供有力支持。科技产业园数智化转型不仅关乎我国经济的快速增长，也关系到我国国际竞争力的提升。

一、提升运营管理效率和服务水平，增强园区的竞争力

（一）提高运营管理效率

科技产业园的运营管理效率直接影响园区竞争力和可持续发展能力。传统的手工操作和纸质文档管理方式已经难以满足产业园对高效管理的需求。在数字技术快速发展的当下，数智化转型成为提升科技产业园运营管理效率的关键途径。数智化转型通过引入和应用前沿的信息技术，为科技产业园提供了新的运营管理模式，能显著提升园区的运营管理效率，为园区的竞争力提升和可持续发展奠定坚实的基础。

数智化转型通过数字技术的应用，使得信息的获取、处理和共享变得更加快捷和高效。在传统管理模式下，信息的搜集和整理往往依赖人工操作，不仅耗时耗力，还容易出现错误。数字化管理系统能够实现实时数据的自动收集和更新，保证信息的准确性和时效性，提升决策和管理的效率。数智化

转型实现了数据驱动的决策。在数字化平台的支持下，产业园可以对大量数据进行自动化收集和分析，利用数据分析结果进行精准的业务决策和风险评估。这种基于数据的决策方式相比传统的经验主义决策，更加科学，能够有效降低运营风险，提高决策效率。

数智化转型加强了园区的信息流通。通过建立统一的数字化平台，园区管理者、企业以及服务供应商可以实现信息的无缝对接和实时共享。这不仅有利于优化资源配置，还有利于园区内部的协同工作，增强园区对外服务能力。此外，高效的信息流通也使园区的管理模式和服务模式更加灵活，使园区能够快速响应市场变化，提升服务质量，提高客户满意度。数智化转型还助力精细化管理的实现。通过高度自动化和智能化的管理系统，科技产业园能够对园区的能耗、安全、环境等进行实时监控和管理，实现资源的优化配置和对风险的及时预警。这种精细化管理不仅能提高园区的运营效率，还能增强园区的可持续发展能力。

（二）提高服务质量与客户满意度

数智化转型通过智能化设施的应用，能显著提升科技产业园的服务质量与客户满意度。科技产业园通过数智化转型，不仅可以优化安全管理和服务流程，还能为客户提供个性化、便捷的服务，极大地提升客户体验。智能化转型在提升园区竞争力的同时，为园区的可持续发展奠定了坚实的基础。

智能化门禁系统和安防监控的应用能增强园区的安全管理能力。利用先进的视频监控技术、入侵报警系统等，科技产业园能够实现对园区内部安全状况的实时监控与预警，有效预防和应对各种安全威胁。这种全方位的安全保障为园区内的企业和租户提供了安全可靠的工作环境，从而提升客户对园区的信任度和满意度。智能化消防系统和应急救援系统的应用，能提高园区对突发事件的应对能力。在紧急情况发生时，这些系统能够迅速启动，有效减少事故的损失，保障园区的安全。这不仅体现了园区对客户安全的重视，也能增强客户对园区的依赖性，提高客户满意度。

通过智慧平台和移动应用的推广使用，科技产业园为企业和租户提供了在线服务和便捷的交流渠道。这些平台和移动应用使得信息的获取与交流更加便捷，优化了服务流程。企业能够通过这些平台轻松地进行沟通和合作，快速响应市场变化。此外，这些平台和移动应用还能为企业提供个性化服务，如定制化的信息推送和服务，满足企业多样化的需求，提升企业的满意度。

智能化设施和服务不仅能提高园区的运营效率，也能优化用户体验，增强园区对企业和创新者的吸引力。这种吸引力的增强能直接提升园区的竞争力，使园区能够在激烈的市场竞争中占据有利地位。更重要的是，高水平的服务能够促进园区与用户建立良好的关系，打下稳定的客户基础，为园区的长期发展提供支持。

二、推动产业园的创新

科技产业园是创新和技术发展的前沿阵地，其创新能力直接关系到区域乃至国家经济的竞争力。数智化转型作为一种融合了数字技术与智能化管理的先进发展模式，为科技产业园提供了提升创新能力的有效途径。园区通过数智化转型，能提高信息流通效率，优化创新生态，加速创新成果孵化与转化，拓宽国际合作视野，促进创新能力提升。创新能力的提升不仅能增强园区的核心竞争力，也能为区域经济的可持续发展注入强劲的动力。

科技产业园通过数智化转型，构建高效的信息交流和资源共享平台，显著提升园区内外创新主体的互动合作效率。在数字化基础设施的支持下，园区内的企业、研发机构以及高校等创新主体能够实现数据与知识的无缝对接和高效流通，进行跨界合作。这种跨界合作不仅能促进多学科、跨领域的创新思维的碰撞，也能为解决复杂科技问题提供更多可能，加速创新成果的产出。数智化转型能助力科技产业园培育和优化创新生态系统。通过集成创新管理平台、智能化孵化器以及在线众创空间等数字工具，园区能够为创新创业活动提供全方位的支持。数字化服务平台不仅能降低创新创业的门槛，还能为创业者提供丰富的资源和便利的服务，如市场分析服务、资金募集服务、人才招聘服务等，激发创新主体的活力和创造力。

园区通过数智化转型，能为企业提供数据分析和智能化决策支持，提高园区创新成果孵化和转化的效率。利用大数据分析技术、人工智能技术等，园区管理者能够准确把握市场需求和技术发展趋势，为园区创新项目的选择提供科学依据。同时，园区通过构建创新成果在线孵化平台，能加快创新成果从实验室到市场的转化过程，促进创新成果的商业化和产业化。数智化转型还能够提升科技产业园的国际化水平，扩大创新合作的范围。数字化平台使得园区能够突破地理限制，与全球的创新主体和高端人才进行交流、合作。这种国际化合作不仅能给园区带来先进的技术和管理理念，也能为园区内企业拓展国际市场提供更多机会。

三、推动园区内科技企业的高质量发展

第一，科技产业园通过数智化转型升级，不仅能为园区内企业提供优质的发展环境和支持平台，还在降低创业成本、提升企业可持续发展能力方面发挥了关键作用，进而吸引更多优秀的科技企业入驻园区。

科技产业园通过数智化转型，能为企业提供先进的技术和管理工具，为企业创造有利的发展环境。云计算技术、大数据技术、人工智能技术等新兴技术的应用，能提高企业的信息处理能力和业务操作效率。例如，云计算服务使得企业能够以更低的成本获取必要的计算资源和数据存储服务，大数据技术帮助企业从海量数据中提取有价值的信息，支持决策，人工智能技术能够优化企业的产品研发、市场营销等环节，提高企业的核心竞争力。这些技术的应用不仅为科技企业提供了良好的运营环境，也为企业的创新和发展提供了强大的技术支持。数智化转型在降低科技企业的创业成本方面也发挥了显著作用。通过构建数字化的服务平台，应用数字化工具，产业园能够为企业提供云服务、在线市场分析服务、虚拟孵化服务等多样化服务。这些服务使得企业在初创阶段能够以更低的成本获取市场信息、技术支持和业务运营所需的资源，降低了企业的门槛。此外，数字化管理工具还可以帮助企业优化内部管理流程，减少开支，提高资源使用效率，降低运营成本。

数智化转型还能提升企业的市场适应性和创新能力，增强企业的可持续

发展能力。在数字化的环境中，企业能够快速响应市场变化，灵活调整产品和服务，以满足市场需求。同时，利用数智化平台和工具，企业可以进行跨界合作和资源整合，开展开放式创新，加速创新成果的转化、应用。

一个具有强大数智化支持的产业园区，能够为科技企业提供一站式的服务和资源，降低创业和运营的难度，提高企业的创新能力和市场竞争力。园区的优势吸引了众多具有创新意识和发展潜力的科技企业入驻园区，丰富了园区的产业生态，形成了良性循环，推动了园区内科技企业的高质量发展。

第二，培育创新生态。在科技产业园的发展过程中，数智化转型不仅是提升企业创新能力和竞争力的关键驱动力，也是培育创新生态的重要基础。通过促进创新资源共享，加强交流、合作，提升创新效率，优化创新环境，园区的数智化转型为科技企业营造了充满活力和合作精神的创新生态系统。

科技产业园通过建设数字化平台，应用数字化工具，可促进创新资源共享。云计算服务、大数据分析平台和在线协作工具等，使得科研成果、技术解决方案、市场趋势分析结果等能够突破时间和空间的限制，被园区内外的科技企业和研究机构轻松访问和利用。这种资源共享机制不仅能降低创新的门槛，也能加速知识的传播和技术的迭代，为创新生态的繁荣提供充足的"养料"。

数智化转型还加强了园区内外创新主体的交流和合作。通过构建在线交流平台，举办虚拟研讨会、线上创新大赛等活动，园区为科技企业、研究机构、创业者以及投资人提供了互动交流和合作的机会。这种交流、合作机制不仅能促进不同领域的创新主体的思想碰撞，还有助于形成跨界合作的新模式，推动复合型创新成果的产生。

数智化转型通过提高数据处理和分析能力，显著提高了创新效率。在科技产业园数智化转型过程中，大数据分析技术、人工智能技术等的应用，使得科技企业能够快速了解市场需求、准确预测技术发展趋势、优化研发流程、缩短产品从概念到市场推广的周期，增强科技企业对市场变化的响应能力、创新能力和竞争力。

科技产业园通过数智化转型，能优化创新环境，为科技企业提供健康、开放和协同的创新生态系统。园区构建智能化的园区管理系统，为企业提供高效、便捷的服务，营造良好的创新文化环境，能为科技企业的发展提供坚实的基础。园区良好的创新生态不仅吸引了很多具有创新潜力的企业和人才入驻园区，也促进了知识产权的保护和技术标准的制定，增强了创新生态系统的自我循环和持续发展能力。

第三，推动科技企业更高效发展。随着数智化转型的深入推进，科技产业园为企业提供了优越的发展环境和平台，促进了科技企业的高效发展。园区通过数智化转型，优化了企业发展环境，能为企业提供定制化发展平台，促进资源高效配置，加速企业创新过程，推动科技企业的高质量发展。

数智化转型能够优化企业的发展环境，为科技企业的成长提供坚实的基础。通过引入先进的信息技术和智能化管理系统，科技产业园能够为企业提供高效、便捷的服务，如智能物流服务、在线行政审批服务、数字化财务管理服务等。这些服务不仅能降低企业的运营成本，还能提高企业运营的效率，使科技企业能够将更多的资源和精力投入核心业务和创新，加快企业发展速度。通过构建数字化平台，科技产业园能够为入驻企业提供个性化的服务和支持，如市场分析服务、技术咨询服务、人才培训服务等。个性化服务不仅能够满足企业的特定需求，还能够提高资源利用效率，促进企业快速定位市场，加速产品迭代和技术创新，推动企业更高效地发展。

科技产业园数智化转型促进了资源的高效配置，为科技企业的成长提供了充足的动力。通过大数据分析技术、云计算技术等的应用，科技产业园可以实现对资源（包括资金、人才、技术等关键资源）的优化配置。这种高效的资源配置不仅可以提高资源的使用效率，还可以降低企业的创业、运营风险，为科技企业提供稳定的发展环境。

科技产业园数智化转型加速了科技企业的创新过程。在数智化转型的推动下，科技产业园内的企业可以更加便捷地获取最新的科研成果和技术动态信息，促进知识的快速传播和技术的迅速迭代。同时，通过促进企业的交流和合作，数智化转型还可以激发创新思维，促进跨领域的创新融合，加速创新成果的产业化。创新的加快不仅可以提升企业的技术水平和市场竞争力，还可以推动企业实现持续快速发展。

四、推动城市智能化发展

科技产业园作为城市经济的重要组成部分，通过智能化建设和管理，不仅能够吸引很多高科技企业和人才入驻，促进经济增长和产业升级，还能够为城市提供大数据支持，为城市规划、管理和决策提供科学依据，进而推动城市向智能、可持续的方向发展。

科技产业园进行数智化转型升级，建设智慧园区，为城市智能化发展提供了示范。智慧园区采用先进的信息技术，如物联网技术、大数据技术、云计算技术等，建设智能化的基础设施和服务系统，实现智能交通、智能安防、智能能源管理等。先进技术的应用不仅提高了园区内部的运营效率和服务水平，还实现了园区与城市其他区域的技术和数据对接，推动了城市整体智能化水平的提升。另外，科技产业园通过数智化转型升级，能为企业提供智能化的工作和生活环境，吸引了大量的高科技企业和高端人才。这不仅促进了园区内部产业的集聚和发展，还促进了产业链的延伸和融合，促进了城市产业结构的优化和升级，推动了城市经济的高质量发展。

科技产业园内部的各种智能化应用产生了大量的数据，这些数据经过整合和分析，可以反映城市的经济活动、交通、能源消耗等多方面的情况，为城市规划和管理提供实时、准确的信息。此外，通过对园区内企业和居民的需求进行数据分析，城市规划者和决策者可以更科学地制订城市发展规划，提高城市管理的精准度和效率。科技产业园的数智化转型升级还促进了城市可持续发展。智慧园区的建设强调资源的高效利用和环境保护，通过智能化的能源管理、绿色建筑建设、废物回收等措施，减少园区对自然资源的消耗，减小对环境的影响，为城市可持续发展提供良好的实践案例和经验。同时，园区内的科技企业在研发和推广新能源、新材料、环保技术等方面不断努力，为城市的绿色发展和生态建设做出了贡献。

五、助力经济、社会可持续发展

科技产业园作为经济增长和技术创新的重要基地，在推动经济、社会可持续发展的过程中扮演着至关重要的角色。通过数智化转型，科技产业园不仅能够减少能源消耗和资源利用，减少环境污染，还能够提高园区内企业的生产效率和产品质量，为消费者提供优质的产品和服务，从而为经济、社会的可持续发展做出重要贡献。

科技产业园进行数智化转型，引入先进的信息技术，可以实现对园区内能源和资源使用情况的实时监控和管理。通过精准的数据分析，科技产业园能够了解能源使用方面的不足，实现对能源的精细化管理，提高能源使用效率，从而大幅减少能源消耗，减轻环境压力。此外，园区数智化转型还有助于促进资源的循环利用。园区通过构建资源回收和循环利用系统，可以最大限度地减少资源的浪费，实现资源的可持续利用。

科技产业园进行数智化转型，能为园区企业提供技术支持。在数字技术的支持下，企业能够准确地掌握市场需求信息，优化生产流程，减少生产过程中的无效作业和资源浪费，从而提高生产效率。同时，利用先进的数字技术，企业能够在生产过程中实现精细的质量控制，生产出更高质量的产品，满足消费者对产品环保、健康等方面的要求，从而提升市场竞争力。企业减少资源浪费，生产更环保的产品，也能为社会的可持续发展做出贡献。

科技产业园的数智化转型还促进了创新和新技术的应用，为经济、社会可持续发展提供了新的解决方案。在数智化的环境下，企业更容易获得关于市场趋势、技术进步等的信息，促进技术创新和应用。特别是在新能源、环保技术、绿色建筑等领域，科技产业园内的企业能够快速对最新的研究成果进行实际应用，推动这些领域技术的发展和普及。科技产业园通过新技术的应用，不仅可以解决能源和环境问题，还可以推动产业升级和经济结构的优化，为经济、社会可持续发展提供技术支持。

第三章　科技产业园转型升级中的数智化技术应用及机遇

第一节　科技产业园转型升级中的大数据技术应用

一、科技产业园转型升级中的大数据采集与传输

（一）大数据技术与 5G 结合的数据采集

大数据技术与 5G 的结合为科技产业园的数智化转型升级提供了强大的数据采集和处理能力。科技产业园通过智能传感器和 5G 网络的应用，实现了高效、实时的数据采集。云平台与边缘计算的协同作用，进一步提升了数据处理的效率。先进技术和工具的应用，不仅加快了科技产业园的智慧化进程，也为园区的持续创新和发展提供了坚实的数据基础。

科技产业园面临多样的数据采集需求，这些需求涵盖了环境监测、设备运行状况监控、安全监控以及用户行为分析等多个维度。为了满足这些需求，园区必须采集不同来源和格式的数据。这就要求数据采集系统具备高度

的灵活性和扩展性，能够适应快速变化的数据采集需求。智能传感器和终端设备在数据采集中扮演了至关重要的角色。这些设备能够实时监测并收集环境数据、设备状态数据、视频监控流等，并将这些数据实时传输到数据处理中心。智能传感器的广泛应用提高了数据采集的效率和精确度，为园区的智慧化管理和运营提供了数据支持。

5G 网络的引入给数据采集带来了革命性的变化。5G 网络的高速度、低延迟和大连接数特性，使得在移动设备、传感器和车辆等各种数据源上进行数据采集变得更加便捷和可靠。5G 网络能够支持大规模的设备连接，保证数据传输的实时性和稳定性，为实时数据分析和决策提供了可能。云平台和边缘计算在数据处理中的协同作用，也提升了数据采集和处理的能力。将数据处理任务在云平台和边缘节点合理分配，既可以利用云计算的强大处理能力进行数据分析，又可以利用边缘计算实现对数据的快速处理。云平台和边缘计算的这种协同作用，不仅提高了数据处理的效率，也优化了数据流动的路径，降低了数据处理的延迟，为科技产业园的智慧化服务提供了强有力的技术支持。

（二）采集的数据的质量控制与管理

高质量的数据是科技产业园进行精准决策和高效运营的基础。采集的数据的质量控制与管理是科技产业园数智化转型升级中不可或缺的一环。采用有效的数据清洗技术与数据预处理技术，建立异常数据检测与处理机制，加强数据存储与备份，不仅可以提升数据的质量和安全性，也能为园区的智慧化管理和创新发展提供数据支持。

应用数据清洗技术与数据预处理技术是提高数据质量的首要步骤。在科技产业园中，数据采集过程中可能会出现噪声、重复数据、缺失值或格式不一致等问题。应用数据清洗技术，可去除重复记录，填补缺失值，使数据标准化和归一化，可以有效地提高数据的准确性和一致性。应用数据预处理技术，可进行数据特征提取和维度降低等，能够提炼和优化数据，为后续的数据分析和应用奠定坚实的基础。异常数据检测与处理是维护数据质量的重要环节。在大数据环境下，异常数据的存在可能会使数据分析结果产生严重的偏差。因此，科技产业园需要建立有效的异常数据检测机制，利用数据统计分析技术、机器学习技术等识别异常值，并采取适当的数据处理措施，删除、修正或标注异常数据，这样不仅能够保证数据分析的准确性，也能提升数据的可靠性和有效性。数据存储与备份是保障数据安全和持久性的基础。随着数据量的不断增长，科技产业园需要采用高效、稳定的数据存储系统，以支持大规模数据的存储和快速访问。同时，定期进行数据备份，尤其是对关键数据进行多地点备份或云备份，可以有效防止数据丢失或损坏，确保数据的长期安全和可用。

（三）高速数据传输

在科技产业园数智化转型升级的过程中，高速数据传输成为支持大数据分析和智慧园区建设的关键因素之一。5G 为大数据的安全和高效传输提供了强有力的技术支持。高速数据传输不仅加快了数据从采集源到分析平台的传输速度，还优化了数据处理流程，为科技产业园的智慧化管理和服务水平提升提供了重要的保障。5G 的高速数据传输能力加快了大数据集的移动速度。这意味着，无论是来自物联网设备、智能传感器的数据还是来自移动终端的大量数据，都可以在很短的时间内被快速收集并传输到数据分析平台。这样的高效数据流动不仅提升了数据处理的速度，还确保了数据分析的实时性和准确性，为园区内的智能决策和操作提供了即时的数据支持。高效数据传输需要注意的问题如图 3-1 所示。

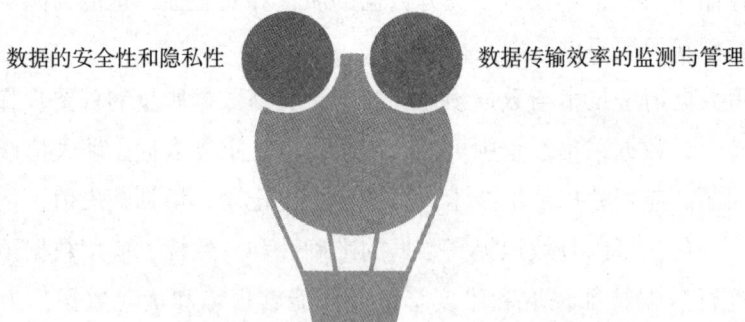

数据的安全性和隐私性　　　　数据传输效率的监测与管理

图 3-1　高效数据传输需要注意的问题

随着数据传输速度的提升，保障数据安全变得尤为重要。5G网络设计高度重视数据传输的安全性，采用了多种加密技术和安全协议，确保数据在传输过程中的安全性。此外，采取网络安全措施，如采用入侵检测系统、防火墙和安全网关等，可以有效防止数据在传输过程中被非法截取、篡改或丢失，保障园区数据资产的安全。科技产业园可以利用网络性能监控工具和数据传输管理平台，实时监测数据传输的速度、稳定性，及时发现并排除出现的传输故障。园区通过持续的数据安全管理，可以确保数据传输的高效和顺畅，提升数据处理能力和服务水平。

二、大数据技术在科技产业园转型升级中的实际运用

第一，利用大数据技术提升园区内企业运营效率，促进企业创新，加快园区的数智化转型升级进程。通过对海量数据的高效采集、处理和分析，园区内的企业可以更好地了解市场趋势，优化业务流程，提升决策质量，从而在激烈的市场竞争中获得优势。

大数据技术能够帮助企业实现对市场动态的实时分析。通过收集和分析来自社交媒体、行业报告、客户反馈等多元化数据源的数据，企业可以及时了解消费者需求变化、行业发展趋势和竞争对手动态，据此调整市场策略和产品开发方向，实现精准营销和产品创新。大数据技术在优化企业内部运营管理方面也发挥着重要作用。通过分析运营数据，企业可以了解业务流程中的瓶颈和低效环节，优化资源配置和工作流程，提升生产效率和服务质量。例如，利用大数据分析的结果，企业可以对生产计划、库存管理和物流配送等进行优化，减少浪费，降低成本。

大数据技术还能够促进园区内企业的协同创新。通过建立大数据共享平台，园区内的企业可以共享市场数据、技术研究成果和创新资源，促进知识交流和技术互补，加速新产品研发和创新项目孵化。这种基于大数据的协同创新模式，不仅能够提升园区内企业的创新能力，还能够吸引更多的创新资源和人才，形成良好的创新生态。大数据技术还为园区管理者提供了决策支持。通过对园区运营数据的分析，园区管理者可以准确地评估园区的发展现

状和潜在风险，制订科学的发展战略，采取风险防控措施。此外，大数据技术还可以帮助园区管理者监测园区的环境质量、能源消耗和安全状况，实现智慧化、绿色化和安全化管理。

第二，在大数据技术支持下建立企业服务平台。为此，园区需要构建一个集数据采集、存储、分析和应用于一体的系统架构。通过部署智能传感器、利用互联网和物联网收集企业运营状况、市场动态和消费者行为等方面的数据。接着，利用云计算技术的强大数据存储和处理能力，确保数据的安全性和可访问性。利用先进的数据分析工具和算法，对收集到的数据进行深入挖掘和分析，提炼出有价值的商业信息，支持企业决策。基于数据分析结果，企业服务平台能够向企业提供个性化的服务和建议，如为企业提供市场趋势预测服务、产品开发指导服务、营销策略优化建议等，帮助企业提高运营效率、加快创新步伐、实现精准营销、优化客户服务。园区应重视企业服务平台的用户体验和交互设计，确保平台的易用性和有效性，为企业提供高效、智能的服务平台。

以大数据技术为支撑的企业服务平台利用大数据技术的强大分析能力，集成和分析园区内外的大量数据，不仅为园区内的企业提供了全方位、精准和个性化的服务，促进了企业的创新和成长，还推动了园区资源的整合和共享，提升了园区的竞争力和影响力。

通过对数据的实时分析，企业服务平台能够帮助企业了解市场需求变化、消费者偏好和竞争对手动态，为企业的市场定位、产品开发和营销策略制订提供科学依据，为企业抓住市场机会和避免商业风险提供了强大的支持。企业服务平台还可以提高企业的运营效率和管理水平。该平台通过对园区内外的业务数据、生产数据和管理数据进行集成和分析，能帮助企业了解运营中的瓶颈和改进空间、优化业务流程和资源配置。该平台还可以为企业提供智能化决策支持，帮助企业在复杂多变的市场环境中做出精准、高效的管理决策。

大数据技术支持的企业服务平台还能够促进园区内企业的合作。该平台通过构建数据共享和服务交互机制，促使园区内的企业、科研机构和服务机构形成密切合作网络。企业不仅可以通过企业服务平台获取其他企业和机构的技术资源、研发成果和服务，还可以将自身的资源和服务对外开放，实现资源的互补和共享，推动园区内企业和机构的创新合作和产业升级。

企业服务平台还能够提升园区的服务能力和品牌影响力。通过提供专业化、个性化和智能化的服务，企业服务平台能够满足园区内企业多样化的服务需求，提升企业的满意度。此外，该平台还可以对外展示园区内的创新活力和产业成果，优化园区的品牌形象，提升园区的竞争力，吸引更多的投资，吸引更多优秀企业入驻园区。

第三，利用大数据技术完善园区智能安全监控系统。科技产业园智能安全监控系统的完善，不仅涉及技术升级，也包括安全管理理念的更新、对数据资源的深入挖掘和应用。大数据技术的引入，使得园区能够实现对海量安全数据的高效收集、存储、分析和应用，构建更加智能、灵活和高效的安全监控系统。

大数据技术使得园区能够实现对各类安全信息的实时收集和统一管理。通过在园区内部署大量的智能传感器、摄像头等硬件设备，园区可以全方位监控园区内的安全状况，获取人员动态信息、车辆流动信息、环境变化信息等。这些信息经过实时收集后，通过高速网络传输至数据中心，构成大数据资源库。利用大数据分析技术，园区安全监控系统可以对收集到的海量数据进行深入挖掘和分析，识别安全隐患和异常行为。通过构建数据模型、应用算法，安全监控系统能够自动分析人员和车辆的行为模式，实时监测环境变化情况，及时发现异常情况，并自动触发报警机制。此外，该系统还可以通过历史数据分析，预测安全风险，为园区的安全管理提供决策支持。

大数据技术驱动的园区安全监控系统还具备强大的数据可视化功能。园区管理人员利用安全监控系统，将复杂的信息转化为直观的图表等可视化形式，可以直观地了解园区的安全状况，快速响应各类安全事件。数据可视化展示也便于管理人员进行跨部门、跨区域的协调，维护园区的安全。

园区安全监控系统还具有高度的灵活性和扩展性。随着园区业务的发展和安全需求的变化，安全监控系统可以快速适应新的监控需求，通过增加数据采集点、升级分析模型等方式，实现功能的扩展和优化。

第四，利用大数据技术促进产业链协同。通过大数据技术的应用，可以实现产业链上下游信息的快速流通、整合和智能分析，推动产业链的优化与升级，提高产业链协同效率。

大数据技术可以帮助企业实现对市场需求、供应链动态和生产过程的实时分析，使企业能够准确预测市场变化、及时调整生产计划和供应链配置。这样，企业可以减少库存积压和资源浪费，提高产业链的反应速度和资源配置效率。

企业利用大数据技术，可整合产业链上下游的数据资源，了解产业链中的关键节点和瓶颈环节；利用深度学习技术和模式识别技术，可以发现产业链运作中的问题和改进机会，提升运营效率和创新能力，还可以通过优化整个产业链的运作模式，提高整个产业链的竞争力。

大数据技术还能够促进产业链内部信息共享和知识传递。园区构建开放的数据平台，可促进产业链各环节的信息互通和资源共享，激发产业链内部的创新活力，促进新技术、新产品的快速研发和推广应用，加快产业链的创新速度。大数据技术还能够帮助科技产业园构建跨产业、跨领域的协同创新网络。园区通过数据分析可发现不同产业的潜在联系和协同创新机会，促进不同产业的交叉融合和创新升级。这种跨界协同创新不仅可以扩大企业的业务范围和市场空间，还可以为园区乃至整个区域的经济发展提供新的动力。

三、科技产业园转型升级中大数据技术应用的作用

（一）为园区转型升级提供精确决策依据

结合 5G 的高速数据传输能力，大数据技术能够实时收集、处理和分析园区内外部的海量信息，为园区的规划、运营、服务提升以及产业发展策略制订提供精确的数据。大数据技术不仅能提高决策的效率和准确性，还有助于园区更好地适应市场变化，促进园区高质量发展。大数据技术应用为园区提供精准决策依据的具体表现如图 3-2 所示。

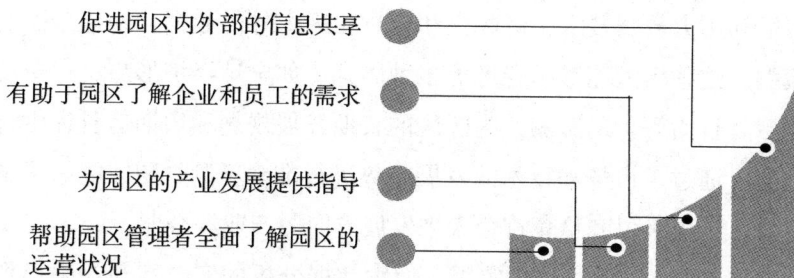

图 3-2　大数据技术应用为园区提供精准决策依据的具体表现

园区管理者利用大数据技术，可以对园区内的能耗、安全、环境等各方面的数据进行实时监测和分析，及时发现问题并采取措施，提高园区的运营管理水平。例如，通过分析园区内企业的能源消耗数据，园区管理者可以制订合理的能源管理策略，实现节能减排目标。

园区管理者利用大数据技术，可以对市场数据、行业发展趋势数据、企业发展状况数据等进行挖掘和分析，准确地把握产业发展趋势，为园区的产业规划提供数据支持。这种基于数据分析的产业规划，能够更好地匹配市场需求，吸引目标产业和企业入驻园区，推动园区产业结构的优化和升级。

园区利用大数据技术，可以对企业反馈数据进行分析，了解企业和员工的需求，及时调整和优化服务内容、服务方式，提升园区的服务水平和企业满意度。此外，大数据技术还能够支持园区内的智慧服务应用开发，助力园区实现智能导航、在线办公、远程监控等，为园区内的企业和员工提供便捷、高效的服务。

园区可以构建开放的数据平台，与政府、研究机构、其他园区等进行数据共享和交流，促进信息资源的有效利用，促进园区内外部的协同创新，推动科研成果转化和产业升级。

（二）提高园区智能预测能力

大数据技术的应用，特别是大数据技术与 5G 的结合，为科技产业园提供了精准、高效的预测模型和强大的智能预测能力，有助于园区了解企业需求变化、做出科学决策，能够有效提升园区的竞争力和吸引力，促进园区高质量发展。

园区利用大数据技术，可收集和分析园区内外的数据，构建全面的市场分析模型。这些模型能够综合考虑多种因素（如全球经济形势、行业发展趋势、消费者行为等）的影响，为园区的长期发展规划和短期运营提供科学的数据依据。通过对市场和技术的发展趋势进行准确预测，园区能够尽早做出战略部署，优先吸引和培育符合未来发展方向的产业和企业。

大数据技术与5G的结合应用，使大数据分析的实时性和效率得到了提升。5G的低延迟和高带宽特性使得数据可以被实时采集和传输，为构建实时、动态的预测模型提供了可能。这种实时性的预测模型不仅能够帮助园区管理者及时了解园区的运营状态和外部环境变化，还能够在第一时间预测并响应园区面临的挑战和机遇，提高园区应对突发事件的能力。

大数据技术还能够帮助园区更好地预测企业的需求变化。通过分析园区内企业的经营数据、产业链动态信息等，园区可以预测特定行业或企业未来的发展趋势，从而提前做好准备，如为企业提供定制化的创新平台、加强特定领域的人才培养和引进等，为企业的成长和创新提供有力的支持。

大数据技术的应用还能够为园区内的资源配置优化提供数据支持。通过对园区资源使用情况的分析和预测，园区可以科学地规划基础设施建设，优化服务，合理配置创新资源，推动园区的可持续发展。

（三）为客户提供个性化体验和人性化服务

科技产业园应用大数据技术，挖掘和分析客户数据，能够了解每个客户的具体需求、行为模式和偏好，从而为客户设计符合他们需求的服务和产品，提升客户的满意度和忠诚度，为园区创造更大的价值，使园区获得竞争优势。这种数据驱动的服务创新，对科技产业园数智化转型升级来说是不可或缺的。

科技产业园的人性化服务基于以客户为中心的服务设计理念。在大数据技术支持下，园区不仅能够为客户提供个性化的服务，还能够关注客户的情感和体验。通过对客户满意度调查结果、客户投诉和反馈数据等进行分析，园区管理者可以及时调整服务内容和流程，优化用户体验。园区利用数据分析结果，还可以预测客户可能遇到的问题和客户未来的需求，主动为客户提供解决方案和支持，体现人性化服务态度。

科技产业园为客户提供个性化和人性化服务，还有助于优化园区品牌形象和口碑。在竞争激烈的科技产业领域，园区通过为客户提供高质量、个性化的服务，能够在目标客户群体中树立良好的品牌形象，吸引更多优秀企业和人才入驻园区。这种良好形象和口碑将推动园区的可持续发展和品牌影响力提升。

（四）为园区的可持续发展提供保障

大数据技术在科技产业园数智化转型升级中的应用，不仅推动了园区的快速发展和创新，也为园区的可持续发展提供了重要保障。利用大数据技术进行数据挖掘和分析，科技产业园可以实现资源优化配置、环境保护、能源节约，更好地履行社会责任，为园区的长期健康发展奠定坚实基础。

在资源配置方面，科技产业园管理者通过对园区内企业的生产数据、能源消耗数据以及物流数据进行实时监测和分析，可以准确掌握园区的资源使用情况，及时调整资源分配策略，提高资源使用效率。这样，园区可以减少资源浪费，促进园区内企业节能减排，支持企业可持续发展。

在环境保护方面，科技产业园通过监测和分析园区内的环境数据（如空气质量、水质、噪声等方面的数据），可以及时了解环境状况，发现污染源头，采取有效措施减少环境污染，保护园区的生态环境。此外，大数据技术还可以用于预测环境变化趋势，帮助园区提前做好环境保护的准备。

在能源节约与高效使用方面，科技产业园管理者通过构建能源管理系统，对园区内的能源消耗进行实时监控和数据分析，可以了解能源浪费的环节，优化能源使用方案，实现能源节约和成本降低。大数据技术还能支持园区在使用可再生能源方面的决策，促进园区能源结构的优化升级。

大数据技术还为科技产业园履行社会责任提供了有效手段。通过对园区内企业的社会责任、社会影响等方面的数据进行收集和分析，园区管理者可以更好地了解企业在履行社会责任方面的表现，引导和鼓励企业积极承担社会责任，为社会发展做出贡献。

第二节　科技产业园转型升级中的人工智能技术应用

一、人工智能技术在园区管理中的应用

随着人工智能技术的不断发展和成熟，其在科技产业园管理中的应用将更加广泛和深入。通过应用机器学习技术、自然语言处理技术等人工智能技术，园区可以实现智能化、自动化的管理，提升竞争力。人工智能技术不仅能够提高园区安全、能源、服务等方面的管理效率，还能为园区的战略规划和决策提供数据支持，推动科技产业园向更加智能化、高效化的方向发展。人工智能技术在园区管理中的具体应用如图 3-3 所示。

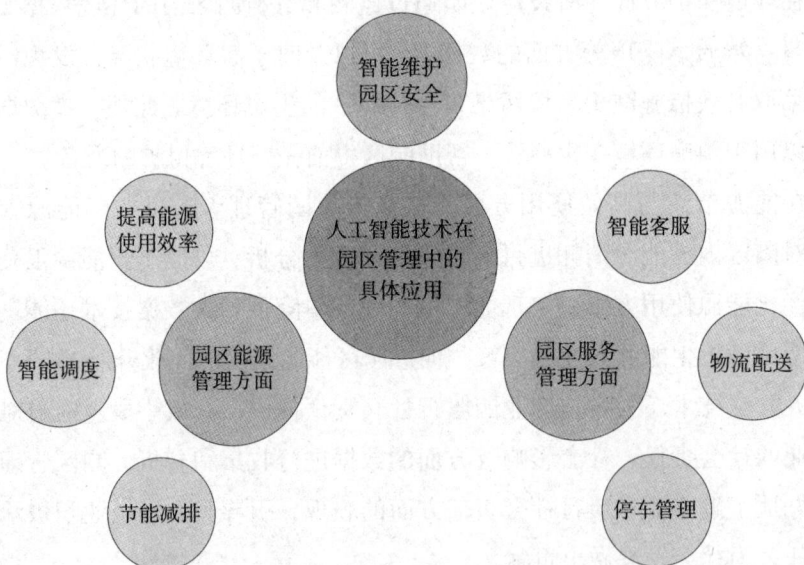

图 3-3　人工智能技术在园区管理中的具体应用

（一）人工智能技术在园区安全管理方面的应用

通过视频监控系统中集成的人脸识别技术、行为分析技术等人工智能技术，园区能够实现对园区内安全状况的实时监测，自动识别异常行为或风险，并及时采取预警和应对措施，提升园区安全管理的智能化水平和响应速度。

人工智能技术在视频监控系统中的应用，使得园区能够对大量监控视频进行实时分析、自动识别异常行为或事件，如非法入侵、斗殴、火灾等，从而使安全管理人员能够迅速获得警报、预防或及时响应各类安全事件。相比传统的视频监控系统依赖人工观察视频画面，人工智能技术大大提高了安全监控的效率和准确性，减轻了安全管理人员的工作负担。

人脸识别技术的应用可以加强园区的出入管理。通过在园区入口处部署人脸识别系统，园区可以实现对进出人员的自动识别和验证，防止未被授权人员进入园区敏感区域，提高安全防范能力。此外，结合人员数据库，人脸识别技术还可以用于考勤管理、访客管理等场景，实现园区管理的数字化和智能化。

应用行为分析技术，园区可以对园区内人员的行为模式进行智能分析，自动检测异常行为或安全隐患。例如，通过分析监控视频中人员的运动轨迹和行为模式，人工智能系统可以识别聚集、快速奔跑等异常行为，及时发出预警，为安全管理人员提供决策支持。人工智能技术还可以应用于园区的消防、入侵检测等安全领域。应用智能传感器和人工智能算法，园区可以实现对园区内的火灾、烟雾、有毒气体等安全威胁的实时监测和预警，有效预防和减少安全事故的发生。

（二）人工智能技术在园区能源管理中显示出巨大应用潜力

人工智能技术在能源数据的实时监测和分析方面发挥着至关重要的作用。通过部署智能传感器和监测设备，园区管理者可以实时获取园区内各类能源消耗的详细数据，如电力、天然气等的消耗数据。人工智能系统能够对这些数据进行实时分析，能够准确识别能源使用的模式和趋势，为能源管理提供决策支持。

园区应用人工智能技术，能够实现能源智能调度。根据园区内部的能源实际使用情况，人工智能系统可以自动调整照明设备、空调等设备的运行状态，以适应不同时间段、不同区域的能源需求。例如，通过分析园区内部的人员分布和活动规律，人工智能系统可以在人员较少的区域自动降低照明设备和空调的运行强度，减少能源浪费。人工智能系统还能够使园区的能源供应和需求匹配。通过对园区能源供应和消耗的全面分析，人工智能系统可以预测能源需求的峰谷变化，合理调度能源，避免能源供需矛盾。人工智能系统还可以支持园区实施需求侧管理（demand side management, DSM）策略，通过激励或引导园区内企业调整能源使用行为，提升能源使用效率。

人工智能技术在园区能源管理中的应用有助于推动园区绿色、可持续发展。通过优化能源使用，减少能源浪费，园区不仅可以降低能源成本，还可以减少碳排放和环境污染，为实现绿色发展和生态保护贡献力量。

（三）人工智能技术能够提升园区的服务管理水平

人工智能技术在园区管理中的应用，提升了服务管理水平，实现了服务自动化、智能化，并显著提高了客户满意度。特别是在客服、物流配送和停车管理等方面，人工智能技术通过强大的数据处理能力和自动化执行功能，给园区带来了高效率和高质量的服务管理。

自然语言处理技术的应用，使得园区能够构建智能客服系统，为客户提供全天在线咨询服务。这种智能客服系统能够理解客户的咨询内容，并为客户提供准确、及时的反馈信息，大大提高了服务的效率。此外，智能客服系统还能持续学习客户的咨询习惯和反馈，不断提高答案的准确性和相关性，进而提高客户满意度。

在园区内部物流配送方面，人工智能系统通过智能路径规划和配送调度，显著提高了物流配送的效率。利用机器学习技术和优化算法，人工智能系统能够根据实时交通状况、配送任务量和配送资源等多种因素，动态规划最优的配送路径，优化配送调度计划，减少配送时间和成本，提高配送服务的准时率和可靠性。

在停车管理方面,人工智能技术同样发挥了重要作用。通过对园区停车需求和停车资源的智能分析,智能停车系统能够指导人们快速找到空闲停车位,减少人们寻找停车位的时间。同时,结合图像识别技术,智能停车系统还能自动识别车牌,实现无感支付和出入管理,为人们提供便捷的停车服务。

二、人工智能技术在企业服务中的应用

人工智能技术通过模拟人类的认知,如学习、推理、自适应等,能够分析和处理大量复杂的数据,为企业提供智能化的服务方案。在科技产业园,人工智能技术的应用不仅能够提高企业服务的效率和质量,还能够带动整个园区的数智化转型升级,为园区企业和客户创造更多价值。具体而言,人工智能技术在园区企业服务中的应用如图 3-4 所示。

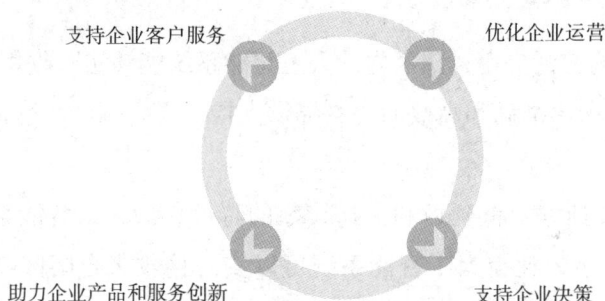

图 3-4　人工智能技术在园区企业服务中的应用

企业应用智能客服和虚拟助手,能够为客户提供不间断的服务,快速响应客户需求。利用自然语言处理技术,人工智能可以理解客户的查询意图,为客户提供准确的信息或解决方案,大幅提升客户服务的响应速度和满意度。通过对客户互动数据的分析,人工智能还能够预测客户需求,为客户提供个性化的服务建议,优化客户体验。

人工智能技术在企业运营管理中的应用,能够优化企业的业务流程,提高企业运营效率。例如,人工智能可以在人力资源管理中自动筛选简历,预测员工离职风险;在供应链管理中,人工智能能够预测市场需求变化,优化库存管理;在财务管理中,人工智能可以自动处理发票和报销流程,减少人

为错误。

企业应用人工智能技术，能对海量数据进行分析和模式识别，为决策提供依据。人工智能能够从历史数据中识别事物发展趋势和规律，预测市场变化，帮助企业制订精确和有效的商业策略。此外，人工智能还能够实时监控数据，为企业管理风险和应对危机提供及时的警示和建议。

人工智能技术还能够推动企业产品和服务的创新。应用深度学习技术和图像识别技术，企业可以开发出新的智能产品，如智能家居产品、自动驾驶汽车等。在服务领域，企业应用人工智能技术，可以实现智能化和个性化的服务，为用户提供量身定制的服务。

三、科技产业园转型升级中人工智能技术应用的作用

（一）提供决策支持

随着 5G 的广泛应用，园区内的人工智能系统能够实时收集和分析数据，为园区管理者做出准确和高效的决策提供支持，提高园区的运营效率，增强园区安全性。

5G 以其高速率、低延迟和大连接数的特性，为人工智能系统提供了高效数据传输平台，使得人工智能系统可以实时接收来自园区各个角落的数据，如视频监控数据、环境监测数据、设备状态数据等，然后迅速进行数据分析和处理。通过机器学习技术，人工智能系统能够从这些数据中识别出模式和趋势，预测风险和机会，为园区管理者提供决策支持。

在园区安全管理方面，人工智能系统可以通过实时分析监控视频，快速识别出异常行为或安全隐患，然后立即警告管理人员采取行动，防止事故发生。在能源管理方面，人工智能系统可以根据园区内的实时能耗数据，优化能源分配和使用，确保能源效率最大化，同时，降低运营成本。人工智能技术还能够帮助园区进行精细化管理，例如，通过分析园区内企业的运营数据，为企业提供个性化的服务和支持，促进企业发展。人工智能系统还可以分析市场趋势和消费者行为，为园区内的企业提供市场预测信息和产品开发建议，增强园区企业的竞争力。

（二）实现自动化运营

人工智能技术与 5G 融合，为科技产业园的自动化运营提供了强有力的技术支持，不仅可以降低人力成本，提高运营效率，还能够使园区根据实时数据对各种情况进行快速响应，优化园区管理和服务。5G 网络具有高速度、低延迟和广连接性等特点，为人工智能提供了强大的数据传输能力，使得自动化设备控制和资源分配成为可能。随着 5G 和人工智能技术的不断进步和广泛应用，科技产业园的自动化运营将进一步优化升级。先进技术为园区的可持续发展提供了新的动力。

第一，人工智能技术和 5G 的结合使得园区内的监控和设备维护工作可以通过自动化系统完成。

通过安装的传感器和摄像头收集的数据，人工智能系统能够实时监控园区内的安全状态、能源使用情况以及环境变化情况等。一旦检测到异常情况，人工智能系统能够立即自动调整或报警，甚至在某些情况下自动采取预防或应对措施，这样能减少人工干预的需求。人工智能技术和 5G 融合的核心优势在于能够提供即时、精确的数据分析结果，提高人工智能系统响应速度。5G 网络的高速度和低延迟特性使得从传感器和摄像头收集的大量数据能够迅速传输至数据处理中心，人工智能算法随后对这些数据进行分析，识别出安全隐患或效率提升点。这样，人工智能技术和 5G 不仅能提高园区的安全管理水平，也能优化资源配置和能源利用，推动园区向更加智能化、绿色化的方向发展。

第二，人工智能系统可以根据园区的实际运营数据，优化资源分配。

通过对园区内各企业的资源使用数据进行深入分析，人工智能系统能够准确预测能源需求的高峰时段。这使得园区管理者能够提前做出能源管理方面的调整，例如，通过智能调节供电系统，确保在能源需求高峰时段能源供应充足，而在能源需求低谷时减少能源供应，从而避免能源浪费，实现能源高效使用。人工智能系统还能够根据园区内企业的生产计划和市场需求变化，自动调整资源分配。例如，通过分析生产数据和订单流动情况，人工智能系统可以预测某一时间段内哪些企业将面临生产高峰、哪些企业将进入生产低谷阶段，据此优化水、电、气等资源的分配策略，保证生产高峰期的企业能够获得足够的资源，同时，减少生产低谷期企业的资源浪费。

人工智能技术在优化资源分配方面的应用，不仅能提高园区的经济效益，降低企业运营成本，也能促进环境的可持续发展。通过智能化的资源管理，科技产业园能够更加灵活地应对生产需求的变化，提升运营效率和企业的生产效率，推动园区自动化运营和智能化管理。

第三，自动化运营还包括对园区内交通和物流的智能管理。

通过将5G高速通信和人工智能技术相结合，园区能够实现物流调度的自动化和智能化，确保物资在园区内部以及园区与外部之间高效流通。这种智能管理系统不仅能显著提升园区的运营效率，还能增强园区的安全性和便捷性。5G为园区提供了高速、稳定、低延迟的数据传输的能力，使得园区内的物流调度和车辆管理可以实时进行，大幅缩短了物资调度的时间，提高了物流效率。智能管理系统可以进行实时数据分析，根据物资需求和物资供应情况，自动调整物流计划，优化运输路线，减少运输成本。

人工智能技术的应用使得园区内的交通和物流管理更加智能化。通过对园区内的车辆和人员流动数据进行分析，人工智能系统可以预测交通高峰时段和热点区域，据此调整交通信号灯的工作模式，优化停车场的车位分配，甚至引导车辆和行人选择最优行进路线，减少交通拥堵情况，提升园区的通行效率。

（三）开展设备预测性维护

在科技产业园的数智化转型升级中，设备预测性维护成为一个关键的领域。预测性维护指的是通过分析设备的运行数据来预测设备故障和维护需求，从而在问题产生前进行设备维护，减少设备停机时间和维修成本。这种设备维护方式相比传统的反应性维护（问题产生后才修理设备）和定期维护（不论设备实际状况如何，都按计划进行维护）更为高效和经济。

第一，5G的低延迟和高速度特性使得从传感器和设备收集的数据可以实时传输到云端或边缘计算节点，供人工智能模型进行分析。5G的关键优势在于 5G 能够支持大量数据的快速传输和实时处理，这对实现园区内设备实时监控至关重要。在 5G 支持下，各种传感器可以实时监测设备的运行状态，如监测温度、压力和流量等多种指标。实时监测这些指标，对于早期识别设备的异常状态或性能下降至关重要。

园区利用 5G 实现数据实时传输，同时利用人工智能模型的数据分析能力，可以对设备进行预测性维护。人工智能模型能够学习和分析历史数据，预测设备未来的故障风险和维护需求。通过对设备运行数据进行分析，人工智能模型可以准确地识别可能预示设备故障的早期迹象，并发出预警信息，使得设备维护团队可以在问题产生之前采取预防措施，如调整设备运行参数或进行必要的维修。这种基于 5G 和人工智能的预测性维护模式，不仅能够减少设备故障导致的意外停机时间，还可以优化设备维护资源的使用，延长设备的使用寿命，显著降低设备维护成本，提升园区的运营效率。

第二，人工智能技术在园区设备预测性维护方面扮演着核心角色。人工智能技术在设备预测性维护方面的应用主要依赖机器学习算法。机器学习算法能够从设备的历史数据和实时数据中学习设备正常运行模式。通过持续的数据分析，人工智能系统能够识别任何偏离正常模式的异常行为。这些异常行为往往预示着设备即将发生故障。通过对这些异常行为的及时响应，园区管理者可以采取预防措施，如调整运行参数或提前进行维修，从而避免设备突然发生故障和停机。

人工智能技术在设备预测性维护中的应用并不局限于单一设备。通过分析园区内多个设备的数据，人工智能系统可以提供全面、准确的设备状态预测信息。例如，通过分析园区内不同设备之间的相互作用和依赖关系，人工智能系统可以预测某个设备的故障可能会影响整个生产线或系统的运行，帮助园区管理者制订有效的设备维护策略和应急计划。实施设备预测性维护，还需要实时监控和分析数据。利用物联网技术，园区内的设备可以实时传输运行数据到云端或边缘计算平台，人工智能系统在这些平台上实时分析和处理这些数据。人工智能系统的这种实时数据分析能力是实现设备预测性维护的关键，确保了设备问题在最早的时间被识别和处理。

第三，人工智能技术还能够优化设备维护计划和资源分配。利用人工智能技术对园区内的生产设备及基础设施进行实时监控和数据分析，园区管理者可以在问题产生之前就做出预测，实现对设备维护资源的优化配置，从而避免生产过程中的突发停机，保证园区运营的连续性和稳定性。人工智能系统通过分析设备的历史运行数据和实时性能参数，能够准确地预测设备可能出现的故障和故障原因，为园区管理者提供设备维护决策支持。这种基于数据的设备维护方式，使得园区能够根据设备的实际运行状况和设备故障预测结果灵活调整设备维护计划和资源分配，确保关键设备可靠运行，最大限度地减小设备维护对生产的影响。

利用人工智能技术对园区内的设备维护需求进行预测，园区管理者可以提前规划设备维护活动，合理分配人力、物力，避免资源浪费。例如，园区通过分析和预测设备运行状态，可以决定在生产的非高峰时段对设备进行维护，避免设备维护导致的生产中断；也可以根据设备状态预测结果优化备件库存管理，降低园区的运营成本。设备预测性维护不局限于生产设备，还包括园区的基础设施维护，如供电系统、供水系统和通信网络等的维护。人工智能系统能够提前识别这些基础设施的故障风险，保障园区的基础设施稳定运行，为园区内的企业提供安全、稳定的运营环境。

通过设备预测性维护，科技产业园不仅可以提高设备的可靠性和生产效率，还可以优化设备维护计划和资源分配，降低设备维护成本。另外，设备预测性维护能支持园区向智能化、自动化运营转型，为园区的长期可持续发展奠定坚实的基础。

第三节　科技产业园转型升级中的智慧平台应用

在科技产业园的数智化转型过程中，园区智慧平台发挥着核心作用，不仅是园区智能化管理的大脑，也是联结园区内外资源的枢纽。该平台由智慧园区服务数据中心、应用及服务平台、网络及终端四大要素构成，具备以数据驱动为核心、以物联网技术为触角、依托先进通信技术的高速信息传输通道，通过高效信息处理能力提供各类应用支持，同时，配备异地备份系统，确保数据安全，具备信用透明度评估机制来保障交易的信用安全，构建了闭环式的综合服务体系。园区智慧平台旨在通过信息化手段优化园区的运营管理，实现园区空间、产业、人员与服务机构之间的联结，达到降低运营成本、提升服务效率和入驻企业满意度的目的。智慧平台的统一管理和综合服务功能使园区内外的信息资源得以互联互通，促进了园区内的资源优化配置和服务创新。

利用智慧平台，园区能够实现能源、安全、设施等多方面的智能化监控和管理，预警和处理各类突发事件，确保园区安全、稳定运营。智慧平台还支持园区为园区内企业提供个性化的数字化服务，如智能物流服务、智慧会议服务、远程办公服务等，帮助企业降低成本、提高运营效率，促进企业快速成长和创新。园区智慧平台也能够通过大数据分析，预测产业发展趋势，为园区的战略规划和产业招引提供科学依据，推动园区产业结构优化和升级。通过打造高效、智能、开放的园区智慧平台，科技产业园能够在数智化转型的道路上迈出坚定的步伐，为园区内外的企业和人员提供更优质的服务和更美好的生活环境。

一、智慧平台应具备的五种能力

智慧平台的构建是将多技术融合、将多系统整合、多领域合作的复杂过程，是科技产业园数智化转型的关键。一个成熟的智慧平台要具备全方位感知能力、互联互通能力、数据处理能力、系统协同与优化能力以及智慧化运行能力这五大核心能力。这五种能力是智慧平台的基石，使智慧平台能够获取园区内外的信息、实现数据高效流通和深入分析，保证不同系统的高度协同和资源的优化配置，促进园区管理的智能化和自动化。

（一）全方位感知能力

在智慧平台的五种主要能力中，全方位感知能力是基础、关键的能力。这种能力涵盖了对各种信息的实时感知、获取和响应能力，是实现园区智能化管理和服务的前提。由于具备全方位感知能力，智慧平台能为园区的智能化管理和服务提供数据支持，为园区的持续创新和高质量发展奠定基础。

智慧平台的全方位感知能力主要通过部署高密度的传感器网络、物联网设备、监控摄像头等硬件设备实现。这些设备能够对园区内外的环境变化、设备状态、人员动态等进行实时监测，获取各种信号和数据，实现对园区全局的动态感知。例如，园区可利用气象传感器监测园区的环境条件，通过能耗监测设备实时掌握能源使用情况，利用人脸识别系统和车辆识别系统监控人员和车辆的进出，等等。全方位感知能力还包括对海量数据的初步处理和分析能力。智慧平台能够对收集到的信息进行快速筛选、分类和汇总，为后续的数据分析和决策提供准确的数据。这一过程涉及大数据技术和边缘计算技术的应用，可以减少数据传输的延时，提高数据处理的效率和准确性。

具备全方位感知能力的智慧平台，使得科技产业园能够实现从被动响应转向主动预警和智能调控，为园区的安全管理、能源管理、环境监控等提供强有力的技术支持。科技产业园通过对园区内外各种动态信息的实时监测和分析，可以及时发现风险和问题，快速做出响应，提高园区的运营效率和管理水平。

园区要实现智慧平台的全方位感知能力，需要考虑系统的可扩展性和兼容性，确保随着技术的发展和园区需求的变化，系统能够灵活地添加新的感知设备和功能，保持园区智慧平台的先进性和有效性。此外，数据安全和隐私保护也是实现智慧平台全方位感知能力需要重视的问题。园区需要采取有效措施，确保收集和处理的数据安全，保护个人隐私和企业隐私。

（二）互联互通能力

智慧平台具备互联互通能力，就是各个子系统、设备及应用能无缝对接和高效运作。这种能力不仅涉及技术层面的网络架构和协议标准，也涉及数据流的管理和应用服务的集成，是确保智慧平台整体功能发挥和提升园区管理效率的重要支撑。互联互通能力的核心是制定统一的通信协议和标准，实现园区内不同类型的设备和系统的数据交换和共享。这涉及视频监控系统、环境监测系统、能源管理系统、安全防护系统以及企业服务平台等，它们需要通过高效的网络架构实现数据实时传输和互动。

为了实现智慧平台的互联互通能力，科技产业园需要采用先进的技术，如物联网技术、云计算技术和边缘计算技术等，构建覆盖全园区的高速、稳定信息传输的网络；同时，采用统一的数据格式和接口标准，确保不同系统和应用可以无障碍地交换信息，提高数据利用效率和服务响应速度。智慧平台还要具有良好的扩展性和兼容性，能够支持新技术应用和新设备接入，适应园区长期发展的需求。这意味着园区设计智慧平台时，需考虑未来的技术升级和系统扩展，确保智慧平台能够持续适应新的管理需求、服务需求。在实现智慧平台子系统互联互通的同时，园区要重视数据的安全性和隐私保护。智慧平台在数据传输和共享过程中采用加密技术和访问控制策略，防止数据泄露和未经授权的数据访问，确保园区内部信息安全。

通过实现互联互通能力，科技产业园的智慧平台能够整合各类资源和服务，为园区内的企业和人员提供便捷、高效的服务。智慧平台不仅能够提升园区的运营效率和管理水平，还能够促进园区内创新资源聚集和产业发展，为园区的可持续发展提供有力的技术支持。

（三）数据处理能力

智慧平台的数据处理能力关乎平台实现信息资源的高效利用，提高园区管理效率和服务效率。这种能力涉及从多个系统和设备中收集数据、整合数据、共享数据和应用数据等，确保数据有序、安全和高效使用。智慧平台的数据处理能力如图 3–5 所示。

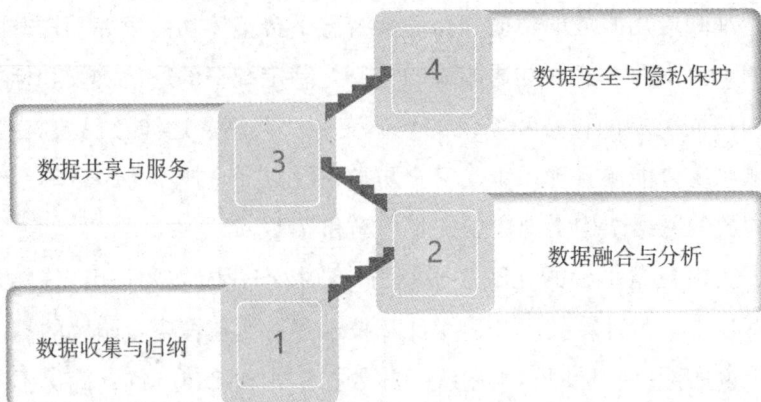

图 3-5　智慧平台的数据处理能力

　　智慧平台需要具备从园区内外各种信息源（包括环境监测系统、能源管理系统、安全监控系统、企业运营系统等）收集数据的能力。智慧平台要能够兼容多种数据格式和通信协议，还要能够对收集到的数据进行归纳和分类，确保数据的准确性和完整性。数据处理还包括对归纳后的数据进行融合处理，通过数据分析和挖掘技术提取有价值的信息。这一过程往往要依赖大数据分析技术、人工智能技术等先进技术，以识别数据中的模式、趋势和不同数据的关联性，为园区管理和决策提供依据。

　　智慧平台的数据处理能力还涉及将数据分析结果共享给特定用户和系统。这意味着智慧平台需要有高效、安全的数据共享的机制，还需要有易于理解和操作的数据服务接口，使得园区内的企业和管理者能够方便地获取和应用数据。在数据处理过程中，保障数据安全、保护用户的隐私是不可忽视的。智慧平台需要采取严格的数据安全措施，如数据加密、访问控制和审计日志等，以防止数据泄露和未经授权访问。同时，智慧平台要符合相关法律法规，尊重用户隐私，合理使用、处理个人数据和企业数据。智慧平台还需要提高数据处理能力，不断进行优化和升级，要具有良好的可扩展性和兼容性，能够适应新技术的应用、满足新需求。

（四）系统协同与优化能力

　　智慧平台在科技产业园转型升级过程中扮演着至关重要的角色，不仅是信息流通的枢纽，也是确保园区内外部系统协同与优化的关键。系统协同与优化能力指的是智慧平台能够实现园区内不同信息系统的高效互联互通，以及园区内系统与外部服务系统的无缝对接，提升园区运营效率和服务水平。

1.园区内部系统协同

科技产业园内部有安全监控系统、能源管理系统、交通调度系统、企业服务系统等多个系统，这些系统各自承担着不同的任务。为了确保园区运营的高效性和可持续性，这些系统的协同运作尤为重要。园区可利用智慧平台，统一协调园区内部各个系统的运作，实现资源共享、业务流程自动化触发以及决策支持集成化。系统协同不仅可以优化园区的资源配置，提高运营效率，还可以增强园区对突发事件的应对能力，提升园区的服务水平。智慧平台可以通过以下途径实现园区内部系统协同：

一是打造统一的数据交换和处理平台，实现园区各个系统的数据即时共享，这样可以避免信息孤岛产生，确保决策和行动的及时性。

二是实现业务流程自动触发。在智慧平台中设定业务规则。系统收集到特定的数据时，可以自动触发相关的业务流程。例如，监控系统检测到安全隐患时，自动通知安全管理系统进行处理。

三是构建集成化的决策支持系统，实现跨系统的数据分析和综合决策。这种决策支持系统可以综合分析能源管理、安全监控等多方面的数据，为园区管理者提供决策依据。

四是采用模块化的系统设计，确保不同系统的灵活对接和快速集成。这种系统设计可以在不同系统之间建立标准化的接口，便于系统升级和扩展。

具有内部系统协同能力的智慧平台可以减少人工干预，通过自动化流程提高园区运营的效率。园区通过内部系统的即时数据共享和自动触发机制，可以快速响应园区内的安全、能源等方面的突发事件，增强应急响应能力。集成化的决策支持系统可以综合分析各系统数据，为园区资源配置和规划提供依据，避免资源浪费，实现资源的优化配置。园区通过系统协同，可以更好地满足企业和园区居民的需求，提供更加精准和个性化的服务，提升服务质量。

2. 提高运营效率

园区智慧平台的系统协同与优化能力是提升园区运营效率的关键。这种能力的核心是运用信息技术（如人工智能技术、大数据分析技术）对园区内的资源分配、能源消耗、交通等进行科学管理和持续优化。通过系统协同与优化能力，智慧平台不仅可以提高园区的运营效率，还可以降低运营成本，提升园区的竞争力。首先，智慧平台可以优化资源分配。利用大数据分析技术，智慧平台可以实时监测园区内的资源使用情况，通过数据驱动的决策支持系统，实现资源的动态调配和高效利用。其次，智慧平台可以降低能源消耗。通过分析能源使用数据，智慧平台可以识别能源浪费的环节，采取能源管理优化措施，如智能调光、智能温控等，降低能源消耗，实现绿色环保。最后，智慧平台可以优化交通流量管理。利用交通流量监测和分析技术，智慧平台可以优化园区内的交通流线，减少交通拥堵，提高园区内部的交通效率。

通过智能化的运营管理，科技产业园可以高效地利用资源，提高服务质量，减少运营成本。运营流程优化和服务水平提升，可以提升园区的吸引力，吸引更多的企业入驻园区，提升园区的竞争力。降低能源消耗和优化资源利用，有助于推动园区的绿色环保发展，支持可持续发展目标的实现。

3. 智慧平台与园区外部系统集成

在当今数字化时代，科技产业园是与外部世界互联互通的开放园区。智慧平台在实现园区内部系统协同的同时，需具备与外部系统集成的能力，这对促进园区的创新、扩大合作网络、提升园区价值具有重要意义。智慧平台与政府、合作伙伴、供应商等的系统集成，可以实现数据的流通和共享，为园区提供丰富的信息资源，支撑园区决策和服务创新。通过智慧平台与外部系统集成，科技产业园可以实现不同业务流程的无缝对接，促进园区企业与外部伙伴的合作，提升园区的服务水平。智慧平台与外部系统集成，有助于园区企业获得更多的创新资源，有助于使合作伙伴参与园区发展，推动科技创新和产业升级。

要实现智慧平台与外部系统集成，园区需要注意以下几点：

一是设计标准化接口。智慧平台应提供标准化、开放的应用程序编程接口（application programming interface, API），能够与外部系统高效对接、进行数据交换，同时，确保接口的安全性和数据的保密性。

二是制定数据交换协议。制定统一的数据交换协议和数据格式标准，确保数据在不同系统之间传输的准确性和一致性，降低数据转换和处理的复杂度。

三是建立数据安全机制。在确保数据交换和系统集成便利性的同时，要重视数据安全和隐私保护，通过采用加密技术、访问控制等安全措施，保护园区和合作伙伴的数据不被非法获取或滥用。

四是建立有效的合作伙伴管理机制，评估、筛选可靠的外部资源和服务供应商，选择高质量的外部系统。

智慧平台与外部系统集成，能够打破信息孤岛，实现资源共享，优化园区的资源配置和服务供给，提升园区的运营效率和服务质量。通过智慧平台与外部系统集成，科技产业园可以更好地融入区域和全球创新网络，促进产业链延伸和产业融合发展。园区开放的合作态度和智慧平台强大的外部系统集成能力，可以增强园区的吸引力和影响力，吸引更多的企业和创新主体入驻园区。

4.用户体验持续优化

随着科技产业园数字化转型的深入推进，通过技术手段不断提升园区内外用户的满意度，成为评价智慧平台的关键指标。智慧平台能集成多源数据，应用先进的数据分析技术，实现对用户行为的深入分析和服务流程的个性化定制，为用户提供更加人性化的服务。智慧平台通过智能化的服务流程设计和个性化的服务提供，可以显著提高服务效率，减少用户等待时间，提高用户满意度和信任度，优化品牌形象。园区持续优化用户体验，有助于吸引更多的企业和人才入驻园区，促进园区的持续发展和竞争力提升。

园区持续优化用户体验，需要注意以下几点：

一是为用户提供数据驱动的个性化服务。利用大数据技术和人工智能技术，对用户行为进行分析，了解用户需求和偏好，从而为用户提供个性化和精准的服务。

二是建立有效的用户反馈信息收集和处理机制,实时了解用户的体验和需求,及时优化服务策略。

三是探索与其他服务提供商合作的机会,整合跨界资源,为用户提供丰富的服务内容,满足用户多元化的需求。

四是不断探索和引入新技术,如虚拟现实技术、增强现实技术、物联网技术等,丰富服务手段和形式,提升用户体验。

园区优化用户体验,能够增强用户黏性,使用户更愿意长期使用智慧平台提供的服务。园区以用户体验为中心的服务设计和服务优化,能够促进服务创新,推动园区服务品质的持续提升。

5. 数据安全与隐私保护

在科技产业园的智慧平台建设中,数据安全与隐私保护是不可或缺的,直接关系到园区运营的稳定性、企业对园区的信任度以及用户满意度。随着大数据技术、人工智能技术等先进技术的广泛应用,数据成为园区智能化转型的基石,也给园区带来了前所未有的安全挑战和隐私保护要求。

数据加密技术在智慧平台安全保护中扮演着至关重要的角色。智慧平台对数据进行加密处理后,即使数据在传输过程中被截获,未经授权的第三方也无法解读数据内容。数据加密技术能降低数据泄露的风险。此外,数据加密技术还应用于数据存储环节,确保存储在云平台或本地服务器的数据不会被非法访问和篡改。

访问控制是智慧平台实现数据安全与隐私保护的重要措施。通过构建用户身份认证和权限管理系统,智慧平台能够确保只有被授权用户才能访问敏感信息和关键资源。访问控制机制通常包括多因素认证、基于角色的访问权限设置等,能精细化管理用户的操作权限,避免数据被非授权访问或滥用。

安全审计也是智慧平台数据安全保护中不可缺少的一环。智慧平台通过安全审计,能够记录、分析用户的访问行为和系统操作历史,能够帮助园区管理者及时发现异常行为、了解安全威胁、采取预防措施或应对措施。此外,定期的安全审计报告还能够为园区的安全管理提供决策支持,有助于园区持续提升安全防护能力。在采取数据安全与隐私保护措施的同时，智慧平台需要遵守相关的法律法规，如《中华人民共和国数据安全法》《中华人民共和国个人信息保护法》等，确保园区的数据处理活动符合法律法规要求，保障用户的隐私权。

（五）智慧化运行能力

智慧化运行能力是科技产业园智慧平台的关键能力之一，也是智慧平台的核心竞争力所在。智慧化运行能力涉及智慧平台的主动学习、智能分析、主动响应和自动化执行等多方面的技术。这种能力能够让智慧平台不仅仅是信息处理和传递的工具，也能成为推动园区创新、提升园区运营效率、优化用户体验的智能引擎。

1. 主动学习与智能分析

园区智慧平台的智慧化运行能力依赖平台的主动学习和智能分析能力。要实现主动学习和智能分析能力，智慧平台需要能够进行数据收集和存储，对数据进行深入分析，能从数据中提取对园区管理、服务、安全监控等有价值的信息。通过不断学习和数据分析，智慧平台能够不断提升自身的服务能力，更好地支持科技产业园的智慧化管理和运营，推动园区的高质量发展。

智慧平台的主动学习是指平台能够根据已有的数据和分析结果，自动调整和优化数据处理和分析模型，更有效地处理新的数据。在这一过程中，人工智能技术起到了关键作用。通过不断学习和适应，智慧平台能够提高对数据的理解深度，识别更加复杂的模式和趋势，为园区管理者决策提供依据和支持。

智慧平台的智能分析是指平台能够利用先进的算法和技术，对收集到的海量数据进行深入分析和处理，识别数据中的趋势、数据的相关性和价值。智能分析不仅包括对历史数据的分析，也包括对实时数据的处理，能够为园区运营提供实时的数据分析结果和预警。智慧平台智能分析能力的提升，有助于园区管理者更好地了解园区内部运营状况和外部环境变化、做出科学、有效的管理决策。

通过将主动学习与智能分析相结合，智慧平台具备了强大的动态适应能力和自我优化能力。这样，智慧平台不仅能够满足当前的数据处理需求，还能够预测未来的行业、企业、市场的发展趋势，为园区的长期规划和战略调整提供依据。例如，智慧平台通过对园区内企业的经营数据进行分析，可以预测行业发展趋势，指导园区进行产业布局调整；通过对园区安全监控数据的分析，可以及时发现安全风险，提前采取防范措施。

2. 主动响应与自动化执行

智慧化运行能力中的主动响应与自动化执行能力，使得智慧平台不仅能通过数据分析识别问题和机遇，还能够基于数据分析结果自动采取行动，实现高效、精准的管理和服务，为园区的可持续发展提供有力支持。

智慧平台的主动响应能力是指平台能够在不需要人工干预的情况下，对特定情况做出快速反应。例如，智慧平台通过数据分析发现某区域的能源使用量异常增加时，可以自动调整能源分配策略，确保能源的高效利用；预测到交通高峰时，自动调整交通信号灯的配时，缓解交通拥堵。自动化执行能力扩大了主动响应的范围，使得智慧平台能够执行更加复杂和多样化的任务，如对设备的远程控制、安全监控的自动预警、环境监测的自动调节等。通过自动化执行能力，智慧平台能够确保园区内的各种资源得到优化配置和高效利用，也能够实时监控园区的安全状况，及时发现并响应安全风险。

主动响应与自动化执行的实现依赖智慧平台的先进技术，如人工智能技术、大数据分析技术、物联网技术等。通过对这些技术的综合应用，智慧平台能够处理来自园区内外的大量实时数据，基于深度学习技术和智能算法，实现对园区运营管理的自动化、智能化改进。智慧平台的这种自动化、智能化的运行方式，不仅能提高园区管理的效率和准确性，还能增强园区的适应性和灵活性。在面对突发事件或复杂情况时，智慧平台可以迅速做出反应，最大限度地减小负面影响，保障园区的平稳运营。

3. 优化服务

在当前数字化和智能化快速发展的背景下，园区服务的优化已成为提升园区吸引力和竞争力的关键因素。园区智慧平台通过智能分析用户行为、主动发现服务的不足之处和持续改进服务策略，为园区内的企业和用户提供个性化、高效的服务。优化服务的首要步骤是对用户行为进行智能分析。通过应用人工智能技术，智慧平台可以对用户的在线行为、服务使用情况以及反馈信息进行深入分析。这种分析不仅能够帮助园区了解用户的偏好和需求，还能帮助园区发现服务过程中的问题和改进机会。基于这些分析结果，智慧平台能够为不同的用户群体提供定制化的服务，提升用户的满意度和忠诚度。

在提供服务过程中，智慧平台不断收集用户的反馈信息和建议，利用这些宝贵的数据资源对服务内容进行更新，不断完善服务功能，提高服务质量。这种基于用户反馈的持续改进机制，不仅能够确保服务始终符合用户需求，还能够推动园区服务的创新和发展。

4. 安全保障

随着数字技术的深入应用，园区内的数据量和信息交换频率不断提高，这增加了数据安全和网络安全的挑战。园区智慧平台需要具备强大的数据安全保障能力，确保园区内部数据安全、系统稳定运行，保护用户隐私。通过实时监测和防御安全威胁、加强数据加密和访问控制、建立完善的安全事件响应机制等，智慧平台能够保护科技产业园的数据安全和网络安全，为园区的稳定、可持续发展提供可靠保障。

实时监测和防御安全威胁的能力是智慧平台必须具备的基本能力。通过部署先进的安全监测系统和入侵检测系统，智慧平台能够实时监控网络流量和系统活动，及时识别安全威胁，如恶意软件、网络攻击、异常访问行为等。一旦发现安全威胁，智慧平台应能够立即启动相应的防御措施，如隔离攻击源、自动修补系统漏洞、通知管理员等，最大限度减小安全事件的影响。

数据加密技术和访问控制技术是保障数据安全的关键技术。智慧平台应采用加密算法，对园区内传输和存储的数据进行加密，确保数据在传输和存储过程中的安全性。同时，智慧平台实施访问控制策略。只有被授权用户才能访问特定数据。这样，智慧平台能够避免未经授权的访问和数据泄露。

智慧平台还需要建立完善的安全事件响应机制。一旦发生安全事件，智慧平台应能够迅速响应，采取有效措施减小损失，同时，启动事故调查程序，调查事件原因，防止同类事件再次发生。通过构建安全事件日志记录和分析系统，智慧平台可以积累安全事件处理经验，不断优化安全防护策略。

智慧平台应为用户提供安全指南和操作规范，引导用户采取安全的行为，维护园区的网络安全。

5. 持续迭代与优化

园区智慧平台不能仅停留在当前的技术水平和服务水平，而需要不断迭代与优化，以适应科技进步和园区需求变化。这种持续迭代与优化的能力，是智慧平台持续为用户提供高效、高质量服务的关键。智慧平台要具备先进技术、灵活的架构以及高效的数据分析和处理的能力。智慧平台的持续迭代与优化需要基于灵活且可扩展的架构。随着新技术和新需求的出现，智慧平台应能够快速集成新功能和新服务，而不需要经常重建整个系统。这种架构设计不仅可以缩短智慧平台更新迭代的时间，还可以减少平台升级、维护的成本。

数据驱动的平台优化策略是智慧平台持续迭代的基础。通过对园区运营数据的深入分析，智慧平台可以发现运行中的瓶颈和问题，从而制订有针对性的平台优化策略。通过对用户行为的分析，智慧平台可以不断调整服务策略，提升用户体验。这种基于数据的策略优化，使得智慧平台迭代、优化更加有效。开放的创新环境对智慧平台持续迭代与优化同样至关重要。园区应鼓励开放、创新，通过与外部的技术供应商、研究机构和创新团队合作，引入新的技术和思想。园区的这种开放的态度不仅可以加速技术的迭代、更新，还可以激发园区内企业的创新活力。为了实现有效的迭代与优化，智慧平台还需要建立完善的反馈机制。通过对用户反馈信息的收集和分析，智慧平台可以及时了解服务的不足之处和用户的新需求。基于这些反馈信息，智慧平台可以有针对性地进行技术升级和服务改进。同时，这种反馈机制还可以增强用户的参与感，提高用户的满意度，形成良好的互动循环。

二、智慧平台在园区转型升级中的应用条件

（一）硬件方面

对智慧平台在园区数智化转型升级中的应用来说，硬件建设是基础，也是关键，直接决定智慧平台的应用效果和运行效率。科技产业园通过广泛部署智能设备、建立数据管理中心、应用地理位置图与数据可视化大屏，可以提高园区管理的智能化、有序化和高效化水平。

1.智能设备的部署

智能设备包括各种传感器、摄像头、智能门禁设备等，作为数据采集的前端，可以实时监测园区的环境状况、安全状况和运营状况。这些设备使得园区能够实现全方位的智能化监控，大大提高园区的管理效率和安全水平。

智能设备能为园区提供实时、准确的数据。通过对园区内环境的持续监测，园区管理者可以获得关于空气质量、温度、湿度、噪声等的环境信息，以及入侵检测、火灾预警、人员流动等方面的安全信息。通过掌握这些信息，园区管理者可以实时了解园区状况，快速响应紧急情况。

智能设备的部署能提升园区的管理效率。通过智能化监控和数据分析，园区管理者可以更有效地进行资源分配和设施维护，减少人力成本，提高工作效率。例如，通过智能照明系统的部署，园区可以根据实际照明需求自动调节照明强度，既满足用户需求，又节约能源。

智能设备的部署能加强园区的安全保障。通过安装高清摄像头和部署入侵检测系统，园区管理者可以对园区内的安全状况进行全时段监控，及时发现并处理安全隐患。此外，智能门禁系统可以控制人员出入，保障园区人员和财产的安全。

智能设备还为园区的智慧服务提供了技术支撑。通过部署智能导航系统、智能停车系统等，园区可以为园区内企业员工和访客提供便捷、高效的服务，提升园区的吸引力和竞争力。

2.数据管理中心的建立

数据管理中心的主要责任是收集、存储和处理来自智能设备的海量数据。建立数据管理中心的目标是制定数据标准，建立数据调用机制，并输出有效的数据分析模型，确保数据的准确性和实时性，为园区管理者提供决策支持。数据管理中心不仅可以提高园区的管理效率和决策质量，还可以促进园区内外的信息共享，为园区的长期健康发展提供数据支持。

数据管理中心能够实现对园区内外各类数据的集中管理和处理。通过对数据的统一收集和存储，数据管理中心可以避免数据孤岛现象，实现数据资源的整合和优化利用。此外，数据管理中心通过对数据进行有效的管理和分析，能够为园区内的企业提供精准的服务和支持，促进园区内企业的创新和发展。数据管理中心通过制定统一的数据标准，可以确保数据的一致性和可比性，便于数据集成和数据分析；通过建立数据调用机制，可以保障数据的安全，保护用户隐私，避免数据被误用和泄露，保护企业和个人的信息安全；通过输出有效的数据分析模型，可以为园区管理者提供强有力的决策支持。通过对数据的深入分析和挖掘，数据管理中心可以发现园区运营中的问题和改进空间，提出合理的建议和解决方案。例如，通过分析园区内的能源消耗数据，数据管理中心可以提出节能减排的措施，优化园区的能源管理，提升园区的可持续发展能力。通过构建开放的数据共享平台，数据管理中心可以将园区内的创新资源和服务信息对外开放，吸引更多的合作伙伴和投资者，推动园区和外界的合作共赢。

3.地理位置图与数据可视化大屏的设置

地理位置图与数据可视化大屏等可视化工具的引入，能增强园区管理的直观性和互动性。园区利用可视化工具，可以实现直观的空间布局展示和实时的数据展示，提升管理效率。

地理位置图能为园区管理者提供一种直观展示地理位置的方式，方便园区管理者了解园区的具体布局和设施分布情况，有助于园区管理者进行高效的空间规划和资源配置。在紧急情况下，地理位置图还可以帮助园区管理者迅速定位问题产生的区域、快速处理问题。

数据可视化大屏能够实时展示园区的运营状况信息、安全状况信息和服务情况信息等多方面的信息。通过对园区内的数据进行实时监控和分析，数据可视化大屏可以为园区管理者提供实时的业务分析结果，帮助管理者做出准确、有效的管理决策。例如，通过数据可视化大屏展示的能源消耗数据，园区管理者可以及时发现能源使用的异常情况，并采取相应措施，以实现能源高效利用。

地理位置图和数据可视化大屏的应用，还可以提升园区对外展示能力。通过对外展示园区的运营数据和服务信息，园区可以增强吸引力，吸引更多企业入驻和投资。同时，对外信息展示还可以促进园区与企业、园区与社会公众的信息共享和交流，有助于园区打造开放、协作的园区生态。

4. 智能设备的互联互通

在智慧园区建设中，所有的智能设备都应该部署在统一的物联网平台上，实现数据的无缝对接和信息的实时共享。智能设备的互联互通是确保数据顺畅交换和信息实时共享的基础，可以大幅提升数据处理的效率，为园区的智慧化运营提供硬件支撑。

智能设备互联互通的实现依托统一的物联网平台。这个平台能够整合园区内各种智能设备，如环境监测传感器、安全监控摄像头、智能照明设备、能源管理设备等，实现这些设备的数据对接和信息共享。这样的平台不仅能够简化设备管理，还能够优化数据流通路径，减少信息延迟时间，确保园区管理者能够及时获取准确的数据，支持管理者决策。

智能设备的互联互通能够促进园区内部的协同工作和资源共享。在一个互联的智慧园区中，不同设备收集的数据可以被共享和综合利用。这能够使园区的能源使用、安全监控、环境监测等方面的管理更加高效和精准。例如，通过分析环境监测传感器和能源管理设备收集的数据，园区可以实施更为节能的照明、空调调控策略，以降低能耗，提升环境舒适度。智能设备的互联互通还为园区创新服务提供了方便。通过分析来自不同设备的数据，园区可以发现新的业务机会和服务需求，进而开发新的智慧服务，如基于位置的服务、环境质量预警服务、提供能源优化建议服务等，这些服务不仅能提升园区的吸引力和竞争力，还能提高入驻企业和公众的满意度。

（二）软件方面

软件建设是智慧平台在园区更好地应用的关键，影响园区的管理效能、服务品牌的形成及智慧服务水平的提升。构建公共服务门户、微信公众号、企业服务应用程序（application, App）以及园区管理 App 等软件平台，对于智慧平台应用具有至关重要的作用。这些软件不仅是实现智慧服务的主要载体，还是提高园区运营效率和服务质量的重要工具。

第一，公共服务门户是园区对外的重要窗口，其重要性不容忽视。公共服务门户不仅是园区发布信息和提供服务的主要平台，也是优化园区形象、增强用户体验的关键，需要提供丰富的信息和资源，确保访问的便捷性和交互的友好性。公共服务门户需要集成丰富的信息和资源，如园区的基本介绍、最新政策、服务指南、企业名录、活动信息等。公共服务门户内容的全面性和内容更新的及时性，能够满足企业和公众对信息的需求，增强园区的吸引力和竞争力。公共服务门户的开发需要注重用户体验。这意味着门户网站应具备用户导向性，界面直观，操作简便，兼顾美观性和专业性。优化公共服务门户网站结构、提高页面加载速度，可使用户快速找到所需信息，提升用户满意度。

公共服务门户还应具备在线咨询、在线预约服务等功能。这些交互式服务功能可以为用户提供即时帮助，解答用户的疑问，满足用户的个性化服务需求。在线咨询系统可以采用人工服务和智能客服相结合的方式，提高服务的效率和质量。在线预约服务可以方便用户参与园区的各类活动，提高服务的可获得性。在具备这些功能的同时，公共服务门户还需要确保数据安全，保护用户隐私。这要求在公共服务门户设计和运营过程中，采取有效的技术措施和管理措施，保护用户数据不被非法访问和利用，提高用户的信任度。

第二，微信公众号和企业服务 App 等移动端，成为联结园区管理层与企业、员工的重要纽带。微信公众号和企业服务 App 的运用不仅是技术创新的体现，也是园区服务模式创新的重要方面，能提升园区服务的触及率和便捷性。

　　微信公众号是广受欢迎的社交平台之一，其便捷的信息发布和传播的功能使得园区能够实时向企业和员工推送最新的政策信息、服务指南、活动通知等重要信息。这样，园区管理层能够与园区内的企业和员工保持密切的沟通和互动，及时解答咨询，提升园区的服务响应速度和服务质量。

　　企业服务 App 为园区内的企业提供了专业、定制化的服务平台。通过这个平台，企业可以享受到在线报名服务、远程办公服务、智慧导航服务等智慧服务。这些服务能提高企业运营效率，提高企业对园区服务的满意度和依赖度。特别是在远程办公日益普及的今天，企业服务 App 能够为企业提供灵活、高效的远程工作解决方案，满足企业对高效办公的需求。

　　园区通过分析用户使用微信公众号和企业服务 App 的行为和反馈，可以发现用户关心的服务领域和常使用的功能，据此调整服务策略，推出更加贴心和实用的服务项目，以更好地满足用户需求。

　　第三，园区管理 App 是提升园区管理效率的重要工具。园区管理 App 集成了先进的信息技术，如大数据分析技术、云计算技术、物联网技术等，为园区管理者提供了全面的智能化管理方案。它能够实时监控园区的安全状态、能源使用情况、环境质量等，能够实时收集和分析数据，使得园区管理者能够快速知悉园区的运营状况、及时发现并解决问题。

　　园区管理 App 在资源智能调度方面发挥着重要作用。通过对园区内部资源（如会议室、停车位等）的实时监控和管理，园区管理 App 可以优化资源分配，避免资源浪费，提高资源使用效率。此外，它还能根据园区的实际需求，自动调整能源供应，如智能控制灯光和空调，实现节能减排的目标。在设备维护方面，园区管理 App 通过对园区内各类设备的运行状态进行实时监控，能够及时发现设备故障和设备维护需求，自动生成维修工单，并将维修工单派发给相关维修人员，缩短设备故障响应时间，确保园区设备高效运转和员工工作环境良好。

　　园区管理 App 还具有强大的安全监控功能。通过集成视频监控系统、门禁系统、消防报警系统等，园区管理 App 可以实现对园区安全状况的全方位监控。在检测到异常情况时，系统能够立即启动预警机制，并通过园区管理

App 通知园区管理者和安保人员，快速响应各类安全事件，保障园区及其内部企业、员工的安全。

第四，考虑软件系统的可扩展性和安全性。

软件系统应具备可扩展性，能够随着园区业务的拓展和技术的进步而升级，支持新功能的添加和现有功能的升级。软件开发者在软件设计之初就要考虑模块化设计，使得软件可以在不影响现有系统稳定运行的基础上顺应技术发展、引入新的服务和技术。例如，人工智能技术、大数据分析技术等技术已广泛应用，园区管理 App 应能够集成这些技术，为用户提供智能化的数据分析服务和市场趋势预测服务，增强园区的竞争力和吸引力。

保障软件系统的安全是软件建设的重点内容。随着数字化信息的增多，数据安全和用户隐私保护的重要性日益凸显。园区软件系统必须采用先进的安全技术和策略，如数据加密技术、访问控制技术、入侵检测技术等，以防止数据泄露、篡改和其他数据安全威胁。同时，园区应定期进行安全审计和漏洞扫描，确保软件系统能够抵御新的安全威胁。通过建立健全数据保护机制，园区不仅能够保护企业和个人用户的信息安全，还能提高用户对园区数字服务的信任度，促进园区服务的广泛使用。

园区在软件建设过程中，还应关注用户隐私保护的法律法规，确保软件开发和运行符合相关的法律法规要求。这不仅有助于避免隐私信息泄露导致的法律风险，也是对用户隐私权的尊重和保护，对于增强园区的社会责任感、优化园区品牌形象具有重要意义。

（三）管理体系方面

为保障智慧平台在科技产业园中更好地应用，需要加强管理体系建设。管理体系建设是实现高效、有序管理和服务的关键。管理体系建设主要涉及标准业务流程设计、综合管理体系和服务管理体系的完善，目标是使管理体系覆盖业务全场景、规范业务全流程、全渠道触达客户，实现园区管理和服务的高质量发展。

1. 标准业务流程设计

标准业务流程设计需要对园区所有业务流程进行全面而深入的分析，比如，分析企业入驻、项目审批、服务请求等常规业务，也分析园区内的资源调配、安全管理、环境监测等多个方面的情况。通过这种分析，园区管理者能够清晰地了解各个业务环节的关键节点，明确每个业务环节的操作步骤、责任人、所需资源和预期成果。设计标准业务流程的目的是实现园区运营的规范化和系统化。园区设计标准的业务流程，制定统一的操作规范，可以避免操作的随意性和偶然性，减少操作错误和资源浪费，还能够保证服务的高质量和一致性。例如，在企业入驻流程中，明确每一步骤的具体要求和时间节点，可以确保所有入驻企业享受到平等、高效的服务，从而优化园区的形象，提升园区的吸引力。

标准业务流程设计还有助于提高园区的可持续发展能力。一方面，标准流程能够使园区在面对不断变化的外部环境时，能够快速调整运营策略，灵活应对各种情况，保持运营的稳定性和连续性。另一方面，通过持续优化和更新标准业务流程，园区可以提高运营效率，降低成本，健康发展。

2. 综合管理体系建设

综合管理体系建设涉及园区的各种业务和管理活动，如企业服务、资产管理、环境监测、安全保障等。全面的综合管理体系建设能确保园区各方面管理的无缝对接和资源的优化配置，实现跨部门、跨领域的资源整合和协同工作，提高园区运营效率和服务质量。

构建统一的信息管理平台，园区可以实现园区内外信息资源的集中管理和高效利用。这一平台不仅能够支撑数据共享和跨系统应用，还能够为用户提供实时的数据支持，为园区管理者做出决策提供依据，提高决策的准确性和时效性。园区进行信息管理平台建设，需要充分考虑数据的标准化、系统的互联互通、数据安全和隐私保护等关键因素，以确保信息资源的有效利用和安全管理。

综合管理体系建设还应该包括对园区的发展战略、运营模式和风险控制等的规划和调整。园区不仅需要对园区的长期发展目标有清晰的规划，还需要能够灵活应对外部环境的变化，及时调整管理策略和运营模式，确保园区的长期稳定发展。

3. 服务管理体系建设

服务管理体系建设的核心目标是通过系统化、标准化的服务流程和响应机制，为企业和员工提供全方位、多层次、个性化的服务，实现服务质量的持续提升。构建全渠道的服务体系是实现优质服务的基础。园区需要整合线上、线下的服务资源以及传统的人工服务窗口，构建各种服务无缝连接、互相补充的服务网络。这样的全渠道服务体系可以使企业和员工在任何时间、任何地点都能获得所需的服务支持，扩大了服务的覆盖面，增加了服务的接触点，增强了服务的可及性和便捷性。

园区进行服务管理体系建设，还需要强调服务标准的统一和服务流程的规范化。园区应制定统一的服务标准，明确服务的质量要求、响应时间和服务流程等，确保服务的一致性和可预期性。通过规范化的服务流程，园区可以提高服务的效率和质量，减少服务过程中的错误和延误，提升用户体验。

服务管理体系应包括对服务全过程的监控和管理，不仅涉及对服务执行的实时监控，也涉及对用户反馈信息的及时收集和处理。园区应建立有效的用户反馈机制，鼓励企业和员工提出服务需求和改进服务的建议，及时对服务内容和服务方式进行调整和优化。通过持续的服务质量评估和服务改进，园区可以提升服务水平，满足用户的期望和需求。

园区进行服务管理体系建设，还需要考虑服务人员的培训和发展。园区应为服务人员提供定期培训和职业发展机会，不断提升服务人员服务技能和专业知识水平，以确保能够为用户提供高质量的服务。园区还应建立服务人员激励机制，鼓励服务人员积极参与服务质量提升，建设积极向上的服务文化。

三、科技产业园数智化转型升级过程中智慧平台应用目标

（一）业务操作规范化

在科技产业园数智化转型升级过程中，智慧平台的应用目标之一是实现业务操作的规范化。业务操作规范化是科技产业园提升管理效率、保证服务质量的基础，涉及明确岗位职责、规范业务流程、提升工作效率以及减小数据差异等多个方面。

第一，明确岗位职责是业务操作规范化的基础。科技产业园内的每个岗位都应有明确的职责，这对提升园区的运营效率和服务质量具有至关重要的作用。智慧平台的引入和应用，旨在通过技术手段确保园区内每个岗位的工作内容和责任范围都得到清晰界定，实现整个园区运营的高效和有序。明确岗位职责能够有效提高员工的工作效率。在智慧平台的支持下，通过明确职责，每位员工都能清楚地了解自己的工作内容和目标，从而能够更加专注和高效地完成各项任务。明确的岗位职责不仅能避免职责不明确时可能出现的重复工作，还能够促进员工的自我管理和自我提升，提升整个园区员工的工作效率。

岗位职责明确化有助于避免职责重叠或遗漏，保障业务顺利开展。在科技产业园这样的复杂的组织中，不同部门和不同团队需要密切协作，以完成跨领域的项目和服务。智慧平台能够为用户提供统一的管理框架，使得各岗位员工的协作更加顺利，确保信息的有效传递和资源的合理配置，避免职责不清导致的工作延误或资源浪费。智慧平台在岗位职责明确化过程中还发挥了优化管理流程和提升决策质量的作用。通过数据分析技术和人工智能技术，智慧平台能够为管理者提供关于园区运营和员工表现的信息，帮助管理者对岗位职责进行科学的规划和调整。这种基于数据分析的管理方式，不仅能够确保园区运营的灵活性，还能够提升管理决策的准确性和前瞻性。

第二，规范业务流程是业务操作规范化的核心。园区应用智慧平台，需要建立业务流程管理体系，将园区的企业入驻、资金管理、设施维护、服务提供等所有业务环节纳入一个标准化、系统化的管理体系中，通过这一管理

体系对业务操作进行指导和控制，使业务流程规范化，以达到提高业务效率和服务质量的目的。规范化的业务流程能够提高园区业务操作的透明度和可追溯性。在智慧平台的支持下，所有业务流程都有明确的操作指南，每一项业务操作都可以在系统中被记录和跟踪，这能使业务操作透明、公开，也便于对业务操作情况进行监督和管理。业务操作的高透明度和可追溯性对提升园区管理水平、提升企业和公众对园区的信任度具有重要意义。

园区通过规范业务流程，可以降低操作错误率。在传统的业务操作中，由于业务流程标准不一、操作指南缺失或不明确，往往容易出现误操作或操作遗漏的情况，导致业务处理效率低，甚至影响园区的整体运营。智慧平台能够为园区提供标准化、明确的业务操作流程，可以显著减少操作错误，确保业务处理的高效性，提升园区的运营效率。在智慧平台的支持下，园区的业务流程得以优化，许多原本需要人工处理的业务环节可以通过系统自动完成，降低了时间成本和人力成本。

第三，提升工作效率是业务操作规范化的直接目的。通过应用智慧平台，园区可以实现业务操作自动化，减少手工操作的需求和纸质文档的使用，加快信息流转的速度，显著提高管理者响应业务变化的能力和决策效率。在传统的业务操作模式中，许多重复性高、耗时长的任务需要大量的人力进行手工处理。这样，工作效率低，还容易出错。智慧平台通过自动化技术，如人工智能技术，可以自动完成这些任务，使得员工可以将更多的时间和精力投入核心的、更有价值的工作中，提高员工的工作效率。

在数字化和网络化的背景下，信息的快速流转对企业响应市场变化、把握业务机会至关重要。智慧平台通过整合园区内外的信息资源，建立统一的信息共享和交换平台，能确保信息在园区内部快速流转，减少信息传递的延迟时间，加速决策。智慧平台还支持园区对业务流程进行持续优化和更新。通过对业务流程进行实时监控和数据分析，智慧平台可以识别业务流程中的不足之处，为业务流程优化提供数据支持。通过不断优化和更新业务流程，园区可以实现业务操作高效化和管理精细化，提升工作效率。

第四，减小数据差异是业务操作规范化的重要目标。在科技产业园数智化转型升级的过程中，智慧平台不仅能提升业务操作的规范化、自动化水平，还能减小数据差异，确保数据的一致性和准确性。减小数据差异关系到园区内部管理的准确性、服务质量的提升以及园区的长期发展。数据差异主要来源于手工录入错误、不同系统的数据格式不兼容以及数据处理过程中的误差。数据差异不仅会导致信息的不一致，还可能引发决策错误和管理混乱，影响园区运营的效率。因此，应用智慧平台减小数据差异，保障数据质量，成为园区数智化转型的目标之一。

智慧平台可实现减小数据差异的目标。第一，智慧平台通过统一的数据标准和数据录入流程，能减少人为录入错误和数据格式不一致的情况。智慧平台通过自动化工具和模板引导数据录入，确保数据符合标准，从根源上减小数据差异。第二，智慧平台利用先进的数据集成技术，实现不同来源、格式数据的整合，保证数据在各个系统中的一致性和实时同步。这不仅能减小系统孤岛造成的数据差异，还能提升数据处理的效率。第三，智慧平台通过自动化的数据校验和清洗，对数据进行实时监控和质量管理。智慧平台利用人工智能技术识别数据中的异常，自动进行数据修正或标记，确保数据的准确性和一致性。第四，除了自动化的数据处理，智慧平台还具有持续的数据质量管理的功能，通过定期的数据审核、分析和优化，不断提升数据质量。持续的数据质量管理有助于识别和解决数据处理过程中可能出现的新问题，长期保持数据的高质量。

（二）园区管理精细化

第一，利用信息技术，将园区工作任务落实到岗、精准到人，是园区管理精细化的基础。

在智慧平台的支持下，园区管理者可以通过数字化手段优化园区管理流程，根据每个岗位的职责和特点，分配具体的任务，实现任务的高效分配与执行，从而提高工作效率和管理水平。任务分解和细化能使每个员工都有明确的工作目标和职责范围，促使园区的运营管理条理化、规范化。园区将工作任务精准地落实到岗位，使每位员工都对自己的工作内容有清晰的认识，这有助于提升员工的工作效率和执行力。

智慧平台的应用还能调动员工的工作积极性，激发员工创造力。在智慧平台的任务指导和绩效评估体系下，员工能够准确地把握自己的工作重点和工作改进方向。同时，智慧平台还能为员工提供丰富的学习资源和成长机会，促进员工能力提升和职业发展。更重要的是，智慧平台能提高园区管理的透明度和可追溯性。每项工作任务的分配、执行过程和结果都能通过智慧平台被记录和追踪。这不仅能提高园区管理的公正性，还能为园区管理的持续优化提供数据支持。

第二，细化绩效指标是实现园区管理精细化的关键环节。

通过应用智慧平台，园区管理者能够设计具体、量化的绩效评价体系，为园区的日常管理和战略决策提供依据，提高园区管理效率和服务质量。细化的绩效指标能够明确园区管理的目标，为园区的各项业务和项目提供明确的方向和评价标准。这些指标涵盖服务质量、项目进度、能源利用效率等多个方面，能使园区管理的各个环节都能围绕中心目标高效运作。例如，在能源管理方面，绩效指标可以是能源消耗量、节能率等具体数值。这样，管理者可以依据绩效指标监控能源使用状况，及时调整能源供应策略，确保能源高效利用。

智慧平台支持绩效指标细化，能够促进园区管理的持续改进。通过定期收集和分析绩效数据，智慧平台能够帮助园区管理者了解管理流程中的需改进之处、采取具体的改进措施。这种基于数据分析的管理模式，能提高园区管理的精细化水平和效率，使园区能够快速适应环境变化、持续优化运营模式。细化绩效指标还有助于提高园区管理的透明度和公正性。园区可通过智慧平台公开展示绩效评价结果，所有园区成员都能清晰地了解各自的工作表现和改进方向。这有利于调动员工的工作积极性，促进员工创新。

第三，发挥智慧平台的预警系统的作用，为园区管理提供强有力的支持。

智慧平台的预警系统能够对园区内部环境和运营数据进行实时监控和分析，为园区管理者提供一种前瞻性的管理模式。智慧平台的预警系统通过对园区的安全状况、设施运行状态、能源使用情况等进行连续监测，能够及时发现园区各方面的风险和问题，在问题发生之前就发出预警信息，使园区管理者和其他相关人员能采取预防措施或应对措施，避免或减少延迟响应可能导致的损失或事故。例如，在安全管理方面，智慧平台的预警系统可以通过视频监控系统集成的人脸识别技术、行为分析技术等人工智能技术，实时监测园区内的人员动态和安全状况，自动识别异常行为或风险，及时预警。在能源管理方面，通过对能源消耗数据的实时监控和智能分析，智慧平台的预警系统可以识别能源浪费的区域或设备，及时通知相关部门进行能源使用优化或设备维修，实现节能减排。

智慧平台的预警系统还具有多维度、多层级提醒机制，能够根据问题的紧急程度和影响范围，通过不同的通信渠道（如短信、电子邮件、App 推送等）向不同级别的管理人员和员工发送提醒信息，确保信息及时传达。这种灵活、有效的提醒机制，能提高园区应对突发事件的能力，保障园区稳定运营。

（三）产业智能化发展

在科技产业园的数智化转型升级过程中，推动产业智能化发展是智慧平台应用的重要目标之一。产业智能化发展不仅涉及技术创新，也包含对产业结构、服务模式等的调整和优化。

第一，智慧平台能为园区内企业提供所需的技术支持和数据分析服务。

智慧平台集成了先进的信息技术，如大数据分析技术、云计算技术、人工智能技术等，能为园区内的企业提供全面的技术支持。技术支持不仅涉及企业的日常运营管理，也涉及产品研发、市场分析、客户服务等多个方面。通过智慧平台的技术支持，企业能够提升对产品和服务的创新能力和市场竞争力。智慧平台的数据分析服务能够为园区内企业提供市场分析结果和行业发展趋势预测结果。通过对园区内外海量数据的收集、整理和分析，智慧平台能够帮助企业准确把握市场动态、发现业务机会、制订有效的市场策略。数据分析服务不仅能够提升园区内企业的决策效率和准确性，也有助于提高园区的创新活力。智慧平台还能够为园区内企业提供定制化的技术解决方案和数据服务，满足园区内不同企业的个性化需求。这种定制化服务能够提升园区的服务水平和企业满意度，优化园区的品牌形象，增强园区的吸引力。

第二，智慧平台能够促进产业集聚效应的形成。

智慧平台通过高效集成和分析园区内外的大量数据，不仅能提升园区管理的智能化水平，还能为园区内外的企业提供强大的信息支持和服务平台，有力地推动产业集聚和产业生态圈的形成。智慧平台能够深入分析园区内外的大数据，为园区和企业提供精准的行业分析结果和市场趋势预测结果信息。这些分析结果、预测结果信息对园区管理者和企业而言，具有重要的指导意义。园区管理者可以根据这些分析结果，优化园区的产业布局和发展战略，吸引更多与园区产业定位相符的企业入驻园区。企业可以利用这些分析结果，调整业务策略和产品研发方向，寻找新的市场机会。

智慧平台能够促进园区内的资源共享和产业链协同。利用智慧平台，园区内的企业可以很容易地发现合作伙伴，实现技术、资本、信息等资源的对接和共享。这种跨企业的合作，不仅能够提升单个企业的创新能力和竞争力，还能够促进整个产业链的优化和升级，有利于形成产业集聚效应。智慧平台具备一站式企业服务功能、智能化园区管理功能等，能够为园区内的企业创造高效、便捷运营的环境，吸引更多优质企业入驻园区，增强产业集聚效应。

第三，智慧平台能够提升园区内企业的创新能力和市场竞争力，促进产业智能化发展。

智慧平台能为企业提供强大的数据分析工具和人工智能算法，使得企业能够深入挖掘和分析来自市场、客户、产品等的大数据。通过数据分析，企业可以准确地把握市场趋势和消费者需求，据此进行产品研发和创新，从而更好地满足客户的需要，提高产品的市场适应性和竞争力。

智慧平台的云计算资源为企业的产品研发和运营提供了强大的计算支持，使企业能够在降低成本的同时，加速产品的研发，使产品快速迭代、更新，缩短产品从概念到市场的时间。此外，云计算的弹性资源分配能力，还能够帮助企业根据实际业务需求灵活调整资源，提高运营效率。

　　智慧平台还能够帮助企业优化运营流程。企业利用智慧平台，可以进行智能化的供应链管理、资源调度和客户关系管理，实现更高效的内部管理和更优质的客户服务。这样，企业不仅能提升运营效率和成本控制能力，也能提高客户满意度、客户对品牌的忠诚度，从而提高市场竞争力。智慧平台还能为企业提供开放的、便于协作的创新环境。企业可以通过智慧平台与其他企业、研究机构和创新团队进行合作，共享资源和知识，共同开发新技术和新产品。这种合作和创新不仅能够带来更多的创新机会，还能够加快技术的商业化进程，推动产业链的升级。

　　第四，园区产业智能化发展还涉及园区内部与外部的互动。

　　科技产业园促进产业智能化发展，不仅需要不断地进行技术创新和应用程序升级，还需要通过智慧平台与外部建立广泛联系，打造开放的创新生态系统，为园区内的企业提供广阔的发展空间和无限的创新可能。

　　智慧平台具有信息化、网络化特性。园区利用智慧平台，能够很方便地与科研机构、创新型企业、投资机构等建立联系，利用园区外部的创新资源，为园区内企业提供技术支持、资金支持和市场拓展服务等多方面的服务。园区可利用智慧平台，构建开放式创新生态系统，促进园区内外部环境的融合，构建互利共赢的创新网络。在这个网络中，知识、技术、资本和人才等创新资源可以自由流动，共同推动产业的智能化发展。这样，园区不仅能够给园区内企业带来新的合作机会，还能够促进知识和技术的快速流动，加速创新成果的产业化。园区内的创新型企业通过智慧平台，可以与各类投资机构合作，更容易地获得资金支持，加快成长和技术升级的步伐。智慧平台还能为园区内外部投资者提供全面的企业数据和市场分析结果信息，帮助投资者做出科学的投资决策、降低投资风险。智慧平台也能够促进园区与高等教育机构密切合作，促进产业界和学术界的深入交流。这种合作不仅能够为园区内企业提供前沿的科学研究成果和技术支持，还能够吸引高素质人才加盟，为企业的长期发展提供人力资源保障。

四、智慧平台在科技产业园中的具体应用

智慧平台的构建旨在通过一站式解决方案，使科技产业园转型升级为全面智能化的园区，实现园区内企业、办公区域、地块及资产的联结和高效管理。这些解决方案包括建立一站式云数据中心、打造全面覆盖的园区网络布局、构建智能的视频监控系统、建立云联络中心、构建多功能的融合会议系统等。通过这些解决方案，园区不仅可以实现数据的互通、共享，还能够为园区内的企业提供高效、便捷的服务，提升园区的运营效率和管理水平。

智慧平台建设还致力构建统一的管理框架，利用先进的信息技术，对园区内的各种资源和服务进行综合调度，达到节能减排、成本控制和风险预警的目的。通过打造这样的面向未来的智慧平台，科技产业园不仅能够为入驻企业提供有利于高效工作的、安全的环境，为企业和员工创造更大价值，还能够提高园区的竞争力和吸引力，促进园区的可持续发展。

（一）智慧管理

智慧平台通过整合人工智能技术、大数据分析技术、云计算技术等，能使园区实现智慧管理，促进园区运营的自动化和智能化，提升园区的现代化水平，还能为园区内企业和员工提供便捷的服务，吸引更多高科技企业入驻园区。下面选取三个角度来详细分析园区智慧管理的实现。

1.园区一卡通／一脸通系统

智慧平台的园区一卡通／一脸通系统，可以进行身份认证，为园区内的员工和访客提供一种便捷、高效、安全的服务访问方式，能提高园区管理的效率，提高园区安全性，提高园区的服务水平，优化园区形象。一卡通／一脸通系统的核心价值是该系统具有身份认证的功能。该系统能够为园区提供门禁管理服务、支付服务、办公管理服务等多项服务，简化园区的管理流程，提高园区运营效率。通过这一系统，园区能够实现对人员流动的监管，加强园区的安全管理，同时，优化园区的形象，增强园区的吸引力。

从技术角度来看，一卡通／一脸通系统的实现依托先进的信息技术，如射频识别（radio frequency identification, RFID）技术、面部识别技术、云计

算技术和大数据分析技术。这些技术的综合应用，不仅能保证身份认证的准确性和安全性，还能为园区管理提供数据支持，如人员流动数据、消费行为数据等，这些数据可用于数据分析和业务优化。

园区一卡通／一脸通系统能提高园区内部服务的便捷性。员工和访客通过一张卡片或一次面部扫描便可完成进出门禁、预订会议室、餐饮支付等。这种一站式服务能提升用户体验，也能减轻园区管理者在日常管理中的工作负担。

在安全管理方面，一卡通／一脸通系统的应用也起到了关键作用。该系统通过对园区入口进行严格的身份认证，能防止非授权人员进入，保障园区的安全。此外，结合视频监控系统，一卡通／一脸通系统还能实时监控园区内的安全状况，一旦发现异常行为或安全隐患，可以及时进行预警和应对，保障园区内人员和财产的安全。

2. 消费管理

智慧平台可以收集和分析园区内的消费行为数据，为园区的商业决策提供依据，优化商业布局，实现消费服务的优化和个性化，提升消费服务水平，促进园区经济的持续健康发展。智慧平台在消费管理中的应用主要包括以下几方面（图3-6）。

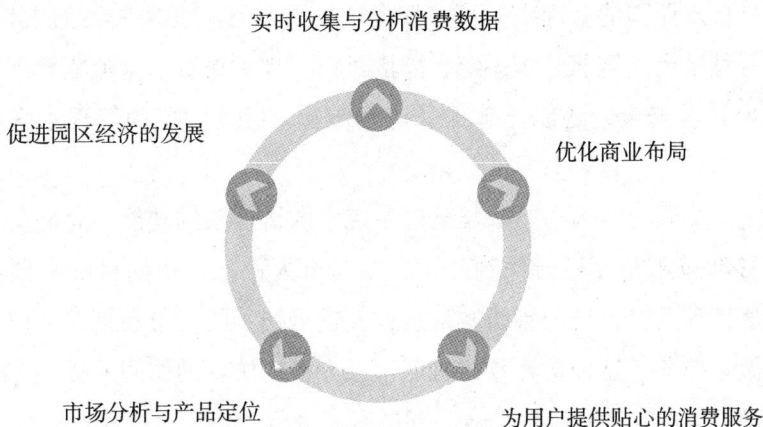

实时收集与分析消费数据

促进园区经济的发展

优化商业布局

市场分析与产品定位

为用户提供贴心的消费服务

图3-6　智慧平台在消费管理中的应用

第一，通过安装在园区内的各种智能终端，如销售点情报管理系统（point of sales terminal，即 POS 机）、移动支付系统等，智慧平台能够实时收集园区内的消费数据。这些数据包括消费金额、消费时间、消费地点、消费类型等多方面的信息。

第二，园区管理者利用智慧平台，深入分析消费数据，可以了解园区内消费者的偏好和需求，据此优化商业布局和服务供给。例如，如果数据显示园区内的某类餐饮店铺人气较高，那么园区管理者可以考虑增加此类餐饮的供应，或引进更多具有相似特色的餐饮品牌，以满足员工和访客的需求。

第三，智慧平台还可以根据消费数据，为园区内的员工和访客提供贴心的个性化服务。例如，通过分析个人消费习惯，智慧平台可以向消费者推荐他们可能感兴趣的商品或服务，也可以在特定节日或活动期间为消费者提供个性化优惠，提高消费者的满意度和忠诚度。

第四，通过精细化的消费管理，智慧平台不仅能提升园区内的服务质量和消费者体验，还能促进园区经济发展。优化后的商业布局和个性化服务能够吸引更多的消费者，增加消费额，为园区内的商家创造更多的收益，促进良性经济循环形成。

3. 访客管理

在科技产业园的管理中，访客管理是高效安全管理的重要组成部分。通过应用智慧平台的智慧管理系统，园区可以实现对访客的全流程管理，不仅能够确保访客安全，还能显著提升访客体验，展现园区的管理水平和良好形象。

第一，实现访客预约。智慧管理系统中的访客预约功能，允许访客通过网络或移动应用程序进行预约登记，填写个人信息、访问目的和预约时间等。智慧管理系统自动记录访客信息，并进行初步的身份验证，为访客的到访提前做好准备。这种访客预约机制不仅方便了访客的访问安排，也为园区管理提供了信息支持，确保访客访问的有序进行。

第二，身份验证与快速通行。智慧管理系统通过与园区安全系统的整合，可以实现对访客身份的快速验证。利用二维码、人脸识别技术等，智慧管理系统可以在访客到达时迅速确认访客身份信息，自动完成签入。对于预约访客，智慧管理系统可以自动生成访问通行证，实现访客快速通行，避免访客长时间等待，提高园区的安全管理效率。

第三，智能分配访问权限。智慧管理系统可以根据访客的预约信息和访问目的，智能分配访问权限。该系统会自动判断访客可访问的区域，限制非授权区域的访问，保证园区内部安全。此外，该系统还可以根据园区的实际情况，动态调整访问权限，灵活应对各种突发事件。

第四，提升访客体验。利用智慧管理系统的访客管理功能，园区可以为用户提供便捷、个性化的访客服务。智慧管理系统可以根据访客的预约信息提前准备会议室、安排接待人员等，确保访客访问流程顺畅。该系统还可以为访客提供导航服务，帮助访客快速找到目的地，避免访客迷路或误入禁区。

第五，展现园区良好形象。园区应用智慧管理系统，可实现高效的访客管理，能够提升安全管理水平，还能够展现园区的现代化、智能化形象。通过为访客提供高效、便捷、人性化的服务，园区可以给访客留下良好的第一印象，优化园区的品牌形象，增强园区的吸引力。

（二）智慧安防

在科技产业园的数智化转型升级过程中，智慧平台的应用也涉及智慧安防。智慧安防是保障园区安全的重要环节。通过人防、物防、技防的手段，智慧平台的智慧安防系统不仅能够预防和应对各种安全威胁，还能提升园区管理的智能化水平，给园区带来全方位的安全保障。

1. 全场景视频监控系统的部署

智慧安防系统中的全场景视频监控系统是实现园区实时监控的基础。该系统可利用高清摄像头监控园区内的每一个角落，为园区提供实时、无死角监控的能力。通过这种全方位的监控，园区管理者能够对园区内的各方面情况进行全时段的观察，确保园区的安全。

科技产业园需要根据园区的具体布局和关键区域，部署全场景视频监控系统。监控摄像头的监控范围要能够全面覆盖重要出入口、公共区域、办公楼宇等。同时，园区要考虑到监控摄像头的角度和高度，确保摄像头无盲区覆盖。园区需要在特定的重要区域，如数据中心、研发楼层等，部署更高规格的摄像头，实现精细的监控。

全场景视频监控系统的运行依赖先进的视频监控技术和设备。全场景视频监控系统通过高清、超高清摄像头，能够为人们提供清晰的视频，即使在夜间或低光照条件下，也能保证良好的视频质量。此外，该系统还融合了运动检测技术、人脸识别技术等人工智能技术，能够自动识别异常行为或特定个体，实时响应安全威胁。

全场景视频监控系统能为园区安全管理提供技术支持。该系统通过实时监控，能够及时发现并响应各类安全事件，如非法入侵、火灾报警等，大大提高安全事件处理效率和成功率。该系统持续的监控记录能为事后的调查和收集证据提供可靠的支持，有助于追责和防范未来的安全风险。

全场景视频监控系统的部署和运行也面临一些挑战。一是数据存储和处理的压力。高清视频监控产生的数据量巨大，对系统的数据存储和处理能力提出了较高要求。二是隐私保护问题。全场景视频监控系统在确保园区安全的同时，要保护个人隐私，避免过度监控。三是系统维护和升级。这是持续的任务。园区需要根据安全管理需求，进行系统维护和升级，保持系统的先进性和有效性。

2. 智能报警求助系统与人脸识别技术的应用

科技产业园智慧平台的智慧安防系统，包含智能报警求助系统，应用了人脸识别技术。通过应用智能报警求助系统和人脸识别技术，园区不仅能够提升安全防护能力和应急响应速度，还能通过高效的人员管理，提升园区的安全管理效率和水平。智能报警求助系统能够在监控系统检测到异常情况（如非法入侵、火灾等）时，自动触发报警，并迅速通过智能求助系统通知安保人员进行异常情况处理。这一系统的高效性主要体现在两个方面：一是该系统能够在第一时间识别和响应异常情况；二是该系统能够准确定位异常事件的具体位置，为安保人员快速处理异常事件提供准确的指引。

人脸识别技术在智慧安防系统中的应用，能提升园区安全管理的技术水平。通过高精度的人脸识别算法，智慧安防系统能够对园区内的人员进行快速识别和跟踪，防止人员非法入侵。此外，人脸识别技术还可以用于园区的门禁管理、员工考勤等多个场景，提升园区管理的自动化、智能化水平。

智能报警求助系统与人脸识别技术的应用也面临一些挑战，如保证人脸识别的准确性和实时性，在保护个人隐私的前提下合理使用人脸识别数据。为应对这些挑战，园区需要采用有效的技术和管理策略。比如，园区可以持续优化人脸识别算法，提升人脸识别精度；建立数据保护机制，确保个人信息安全；遵守相关的法律法规，处理好数据应用与隐私保护的关系。

3.可视化周界系统与可视化巡更系统的应用

可视化周界系统与可视化巡更系统通过高科技手段，实现对园区边界的实时监控、对安保人员巡逻活动的精确管理，有助于园区构建安全防护网络。利用可视化周界系统与可视化巡更系统，园区能够实现对安全威胁的早预警、快响应和精确处理，提升安全防护水平。

可视化周界系统通过部署在园区周界的高清摄像头和其他感应设备，实现对园区周界的全时段、全方位监控。这一系统能够自动识别和报警非法入侵行为，如越界闯入、翻越围墙等，防止外部安全威胁对园区产生影响。可视化周界系统还可以与警报系统相连，一旦监测到异常情况，能够立即启动警报，快速调动安保人员处理异常情况，大大提高园区的防范能力和应急响应速度。

可视化巡更系统通过智能化手段，对园区内的安保人员进行实时监控和管理。安保人员通过携带的巡更设备（如智能手持设备）进行签到。可视化巡更系统能够实时记录安保人员巡更路径、时间和状态，确保巡更工作的全面覆盖和高效开展。此外，可视化巡更系统还能够实时反馈巡更中发现的安全隐患或异常情况，实现信息的即时上传和处理，提高园区安全管理的主动性和有效性。

可视化周界系统与可视化巡更系统，体现了信息技术与安防管理的深度融合。通过运用视频监控技术、大数据分析技术、人脸识别技术等先进技术，智慧安防系统能够为园区提供精准、高效的安全管理服务。

4. 异常行为自动识别和预警

异常行为自动识别和预警功能是智慧平台的智能安防系统的功能之一。智慧平台的智能安防系统，能够对园区内实时视频监控数据进行深度学习和分析，实现对异常行为的快速识别和及时预警，提高园区安全防范的主动性和智能化水平。智能安防系统的核心功能是对视频监控中的图像和行为模式进行实时分析，识别出与正常行为模式不符的行为。这一过程依赖人工智能技术，尤其是深度学习算法。智能安防系统能够通过大量的视频数据训练，学习识别各种异常行为的特征。例如，该系统可以通过分析人群密度、人员运动速度、人员行为轨迹等，自动识别出非正常的聚集、快速奔跑或其他可疑行为。

智能安防系统识别出异常行为时，能够立即启动预警机制，通过声光报警、自动弹出监控画面、发送预警信息等方式，迅速引起安保人员的注意。这种自动预警机制不仅能够确保安全事件得到及时响应，还能通过精确定位异常情况发生的具体位置，帮助安保人员快速处理异常情况，减少安全事故的发生。

智能安防系统能大幅提升园区安全管理的智能化水平。一方面，智能安防系统能够不间断地对园区进行监控，及时发现并预警各类安全威胁，提升园区的安全防护能力；另一方面，这种智能化的安全管理能减轻安保人员的工作负担，使他们能够专注于对重点区域和重大安全事件的处理，提升园区安全管理的效率和效果。

（三）智慧环境

集能源管理功能、节能控制功能与综合运维功能于一体的智慧环境管理系统，也是园区智慧平台的重要系统之一。园区应用该系统，不仅能够优化资源利用、降低能耗，还能提升园区的运营效率和环境质量，构建真正的绿色园区。智慧环境管理系统以三维地理信息系统（geographic information system, GIS）、能源综合管理系统、楼宇自动控制系统（building automation system, BAS）、综合电源管理系统和智能照明控制系统等为支撑，形成了全面的环境管理网络。

1. 三维地理信息系统

GIS能为人们提供直观的空间数据展示平台，增强园区管理者在地理环境监测、建筑布局和能源分配等方面的规划、管理能力。GIS的应用不仅能提升园区管理的科学性和精准度，也能为园区的可持续发展奠定坚实的基础。GIS允许园区管理者在一个直观、互动的平台上对园区的地理环境、建筑布局和能源分布等进行精确的监控和管理。GIS能够为人们提供从宏观到微观的多维度信息展示，支持园区管理者在复杂的环境中快速做出合理的决策。

GIS能够为园区管理者提供园区内外部环境的详细地理信息，如土地利用情况信息、自然资源分布信息、环境敏感区信息等，使管理者能够基于实际地理情况制订合理的环境保护、资源利用策略。利用GIS，规划师可以在虚拟环境中对园区的建筑布局进行模拟和分析，评估不同规划方案对园区布局和功能区划分的影响，从而优化建筑设计和空间利用，提高园区的功能性和美观性。GIS能够实现对园区能源消耗的实时监控和分析，帮助园区管理者精准掌握能源使用情况、识别能源浪费点、优化能源分配、实现节能减排目标。

为了充分发挥GIS在园区管理中的作用，园区需要构建一个汇集了园区内外部数据的GIS平台，实现数据的统一管理和高效利用。园区还应当利用GIS进行环境监测和环境分析，提高对园区发展的响应速度和适应能力。另外，GIS具有可视化展示功能和交互功能，能够将复杂的地理信息以图形和模型的形式直观展现，增强信息的可读性和交互性，提升园区管理者和用户的体验。

2. 能源综合管理系统

能源综合管理系统可对园区内的能源消耗进行实时监测和分析，识别能源浪费点，实现能源优化分配和节能降耗，支持园区实现可持续发展目标。

能源综合管理系统的核心是该系统能够为人们提供全面的能源消耗视图，具备数据分析功能。通过安装在各关键节点上的传感器和监测设备，该系统能够收集电力、天然气等多种能源的使用数据。这些数据经过实时处理和分析，可以揭示能源使用的模式、效率和能源节约机会。

能源综合管理系统还能够支持园区管理者进行科学的能源规划和决策。该系统可以基于历史数据和预测模型，为园区管理者提供能源配置优化建议，比如，调整能源供应计划、采取需求侧管理措施等。通过这些措施，园区不仅能够降低能源成本，还能减小对环境的影响。

能源综合管理系统还具备自动控制和响应功能。该系统可以根据实时的能源需求和供应状况自动调整能源使用，比如，智能调节建筑的照明系统和空调系统，确保能源使用的高效。这种智能化的能源管理不仅能提高园区的运营效率，也能为园区内的企业和员工创造舒适的工作环境。

能源综合管理系统的应用还可以促进园区内部和外部资源的整合。通过与外部能源供应商、服务商以及相关政府机构进行数据共享和协作，园区可以更好地参与区域性的能源优化和环境保护，实现能源使用的社会化、网络化管理。

3. 楼宇自动控制系统

科技产业园进行智慧环境建设，也需要应用楼宇自动控制系统。该系统通过信息技术对园区内建筑的照明系统以及供暖、通风和空调（heating, ventilation, and air conditioning, HVAC）系统进行智能化控制，实现对园区环境的精细化管理。该系统不仅能显著提升园区内部的工作环境、生活环境质量，有助于优化园区的品牌形象，提升园区的竞争力，还能降低能源消耗，推动园区的可持续发展。

楼宇自动控制系统通过集成先进的传感器、执行器、控制器以及信息通信技术，实现对建筑内部环境的实时监测和自动调节。该系统能够根据建筑内外的环境变化（如温度、湿度、光照强度等的变化）以及人员的实际需求，自动调整照明系统以及供暖、通风和空调系统的工作状态，确保室内环境的舒适性、能源利用的高效性。

楼宇自动控制系统还具备智能学习和预测功能。通过对园区内环境数据和能源使用数据的收集与分析，该系统可以预测不同时间段内的能源需求，优化设备使用策略，提高能源使用效率。例如，在人员密度较低的时段，该系统能自动降低照明系统和空调系统的运行强度。该系统也可根据季节变化，自动调整供暖系统的供热量。

楼宇自动控制系统还支持远程监控和管理。园区管理者应用该系统，可借助计算机技术、网络通信技术和电子信息工程技术等，通过各种软硬件的相互配合，实现对建筑物内部的监控，实时查看建筑内部状态，及时发现并处理异常情况，降低设备维护成本和安全风险。同时，该系统的可视化管理界面使操作方便，能大大提高管理效率。

4.综合电源管控系统和智能照明控制系统

综合电源管控系统和智能照明控制系统应用了信息技术与自动控制技术，能实现对园区电力资源的高效管理和使用。通过这两个系统的应用，园区能够在保证照明质量的前提下，显著降低能耗，推动园区的绿色发展。

综合电源管控系统能实时监控园区内的电力使用情况，如电力消耗量、负载情况及电力设备的运行状态等，实现对园区电力资源的全面管理。该系统能够根据园区电力负载的实时变化，自动调节电力分配和使用策略，优化能源配置，避免能源浪费，同时，保障园区关键区域和重要设备的电力供应安全。

智能照明控制系统通过传感器收集环境光线信息，结合园区运营模式和人员活动规律，自动调整照明设备的开关和亮度。与其他常规照明控制方式比较，智能照明控制系统的优势确实突出。[①] 该系统能够实现室内外照明的自动化控制，如根据自然光线的变化自动调节室内照明强度，或在无人时自动关闭照明设备，从而达到节能降耗的目的。此外，智能照明控制系统还支持远程控制和场景设置功能，满足园区不同场合和不同时间段的照明需求，

① 陈涛.照明控制与自动化系统的完美结合：智能照明控制系统的再认识[J].照明工程学报，2003（3）：26-32.

同时提升园区内人员的舒适度和满意度。

综合电源管控系统和智能照明控制系统的应用，不仅能提高园区能源使用的效率和经济性，还能减小对环境的负面影响，促进园区的绿色发展。通过系统化的能源管理，园区可以实现能源消耗的透明化和最小化，并为园区的长期发展提供数据支持和决策依据。

智慧环境管理系统在实现园区环境智能化管理的同时，是推动园区绿色、可持续发展的重要工具。通过精细化、智能化的环境管理，园区能够在确保经济效益高的基础上，最大限度地减小对环境的影响，实现经济、社会和环境协调发展。智慧环境管理系统能够有效减少园区的能源消耗和碳排放，为园区的绿色发展提供强有力的技术支持。该系统通过对园区内资源的实时监控和管理，能确保资源高效利用、低消耗。利用该系统，园区能够控制环境污染，提升生态环境的质量，为企业员工提供舒适的工作、生活环境。

（四）智慧园务

智慧园务的实施是科技产业园数智化转型升级过程中的关键环节，旨在通过信息技术的应用，推动园区管理和服务的自动化、智能化。园区实施智慧园务，可应用智慧政务系统、智能办公自动化（office automation, OA）系统、综合业务智能服务系统、园务电子门户、会议信息化管理系统、智能园务信息公开系统等，解决多岗位、多部门协同工作难题，提升园区管理的自动化、智能化水平，促进园区内部管理的标准化、规范化，提高园区管理的效率和服务质量，为园区的可持续发展提供有力的信息化支持。

1.应用智慧政务系统，实现工作流程的自动化

园区应用智慧政务系统，可实现工作流程的自动化，彻底改变传统的工作模式，给园区的管理和运营带来质的飞跃。该系统可通过电子化方式简化过去依赖纸质文档的信息流转程序，加速决策和审批，显著提高工作效率。智慧政务系统的核心是该系统能够支持跨部门、跨岗位的信息共享和工作流程协同，打破以往园区内部各部门、各岗位因信息孤岛而产生的工作延误和

工作效率低下。通过这一系统，所有相关部门和岗位的工作人员可以实时访问和共享工作流程中的关键信息，确保工作的连贯性和协同性。信息共享和工作协同有助于打破工作环节中的信息壁垒，减少工作延误，实现高效和精准的园区管理和服务提供。

园区应用智慧政务系统，还能对工作流程进行标准化、规范化管理。该系统内置的工作流程模板和审批规则不仅能够确保工作流程的标准化执行，还能够根据园区管理的实际需要，对工作流程进行灵活调整和优化。这种标准化和规范化的工作流程管理不仅能提高工作的效率和质量，还能提升园区管理的透明度。

智慧政务系统还能为园区管理者提供数据支持和决策辅助。该系统能收集、整理和分析园区运营中产生的大量数据，能够为园区管理者提供数据分析结果和决策支持，提高决策的准确性，还能够帮助园区管理者及时发现、解决管理和服务中的问题，不断优化园区的管理和服务。

2. 智能 OA 系统为园区提供全面的办公自动化解决方案

智能 OA 系统能为园区提供一套全面的办公自动化解决方案，促进园区管理和运营的信息化、自动化和智能化，给园区带来工作效率和管理效能的显著提升。智能 OA 系统的功能模块包括文档管理、电子邮件、日程安排、任务分配等。这些功能模块不仅能优化园区日常办公流程，也能为园区管理者提供数据支持和决策辅助。例如，园区利用文档管理功能模块，可对各类文件进行电子化存储和管理，提高文档检索和共享的效率；应用电子邮件和日程安排功能模块，能够促进园区内部人员沟通，协调日常工作安排，确保工作高效开展。

智能 OA 系统的远程办公、移动办公功能，能提高园区管理人员和工作人员工作的灵活性和效率。在当前快速变化的商业环境下，工作的灵活性对提高园区的竞争力至关重要。园区管理人员和工作人员无论身处何地，都能通过智能 OA 系统进行工作，保持工作的连续性和高效率。智能 OA 系统具备电子印章、电子签名、电子合同等电子化办公工具。这些工具的应用不仅能提升办公效率，也能保障办公过程中签名、合同的法律效力。利用这些电子化办公工具，园区可实现运营流程的电子化，彻底告别传统的纸质办公模式，减少纸张的使用，践行绿色发展理念。

3.综合业务智能服务系统整合园区内的各项业务服务

园区应用综合业务智能服务系统，能整合园区内的各种业务服务资源，构建一个全方位、多功能的一站式服务平台，提升园区的服务能力和管理效率，也能为园区内外的企业和客户创造更高的价值，推动园区的产业集聚和产业升级，实现园区的长期可持续发展。综合业务智能服务系统涉及企业入驻、资金支持、人才引进、技术转移等多个业务领域，能为园区内外的企业和客户提供服务接入点。应用该系统，园区管理者可以实现对园区内外资源的高效调配和利用。同时，企业和客户可以通过该系统快速获取所需的服务和支持。这样，园区能够大幅缩短服务响应时间，提高客户满意度。

提供企业入驻服务是综合业务智能服务系统的重要功能。该系统能为企业提供在线申请服务、审批进度查询服务、政策咨询服务等，能简化企业入驻流程，降低企业入驻的门槛和成本。该系统还能整合园区内外的资金资源，为企业提供投资对接服务、贷款服务等资金支持服务，帮助企业解决成长过程中的资金问题。人才引进服务是综合业务智能服务系统的亮点之一。该系统能为企业提供人才招聘服务、人才培训服务、人才政策咨询服务等，帮助园区内的企业吸引和培养所需的高素质人才，提高企业的创新能力和竞争力。在技术转移服务方面，该系统通过建立技术交易平台、提供技术咨询服务和技术评估服务等方式，促进园区内外的技术交流和转移，加快技术研究成果的产业化进程。

综合业务智能服务系统不仅能为园区内外的企业和客户提供高效、便捷的服务，也能为园区管理者提供数据支持和决策工具。通过对该系统收集的大量数据进行挖掘和分析，园区管理者可以深入了解园区的运营状况、企业的发展需求和市场的变化趋势，进而制订合理的发展战略和运营策略，推动园区的持续健康发展。

4.园务电子门户为企业和公众提供便捷地获取信息和服务的渠道

园务电子门户的应用，对科技产业园来说，不仅是提升服务效率和质量、优化园区管理的有效途径，也是推动园区开放、促进产业发展、建设数字化生态系统的重要途径。园务电子门户作为园区的数字化对外窗口，向企业和公众提供全面、及时的园区信息，如园区概况、政策法规、服务指南、活动公告等方面的信息，满足用户对信息的需求。此外，园务电子门户还具有线上服务功能，如在线申报、在线咨询、在线预约等功能，能为企业和公众提供便捷的电子化服务，大大提高园区服务的效率和质量，为企业和公众提供极大的便利。

园区建设园务电子门户时，应充分考虑用户体验，采用现代化的网站设计和交互方式，确保网站的易用性和较快的访问速度。园区通过优化门户网站结构和搜索引擎，使用户快速找到所需信息。园务电子门户还支持多种终端访问。无论应用电脑浏览器，还是应用移动设备，用户都能够轻松访问园务电子门户，获取所需服务。园务电子门户还具有良好的互动性，具有社交媒体、论坛、在线反馈等功能，能够为园区、企业、公众提供互动、交流渠道，使园区管理者能够及时收集、了解企业和公众的意见和需求信息，优化园区的服务和管理。利用数据分析工具，园区管理者可以分析园务电子门户的访问数据，了解用户的行为和偏好，为园区管理者的决策提供数据支持。

园务电子门户的建设不仅能提升园区的信息化管理水平，也是园区构建数字化生态系统的重要步骤。利用园务电子门户平台，园区能够展示品牌形象和服务能力，吸引更多的企业入驻园区，引起公众关注，推动园区产业集聚和发展。长期而言，园务电子门户将成为园区数字化转型升级、竞争力提升的重要工具。

5.会议信息化管理系统的应用

会议信息化管理系统应用了电子化、自动化和智能化技术，能提升园区会议管理的效率和质量，为园区内的组织和员工提供便捷、高效的会议服务。该系统还能解决园区会议管理中的一些痛点问题，如会议安排的冲突、信息传达的不及时、会议记录的不准确等问题，提升园区的管理效率和服务质量。

会议信息化管理系统具有电子化会议预约功能，能为用户提供一个简洁、直观的会议安排平台。用户可以根据需求，轻松选择会议时间、地点和参会人员。会议信息化管理系统能自动检查会议资源的可用性，避免会议安排的冲突和重复。电子化会议预约方式，不仅能提高会议安排的效率，也能保证会议资源的合理利用。

会议信息化管理系统还具有自动化会议通知功能，可以实时向参会人员发送会议邀请和提醒信息。无论是通过电子邮件、短信发送信息，还是通过移动应用推送信息，该系统都能确保每位参会者及时接收到会议信息，提高会议参与率。此外，该系统还支持会议议程、材料等信息的电子化分发，使参会人员能够提前了解会议内容，提升会议准备效率。

智能化会议记录功能也是会议信息化管理系统的一大亮点。该系统支持音频录制、视频录制、实时笔记等多种会议记录方式，在会议结束后，可以自动生成会议纪要，使参会人员可以共享会议纪要。这种智能化会议记录方式，不仅能减少人工记录的工作量，也能提高会议记录的准确性和可追溯性。

会议信息化管理系统还具备数据分析功能和反馈信息收集功能。园区管理者可以应用该系统收集会议效率、参与度等相关数据，评估会议管理的效果，及时调整会议策略和流程。该系统还支持在线反馈信息收集参会人员可以利用该系统提出会议改进建议，促进会议服务持续优化。

6. 智能园务信息公开系统提高园区企业和公众的信任度和满意度

智能园务信息公开系统通过网上平台，对园区的管理规章、服务指南等进行公开，能提高园区管理的透明度，提高园区企业和公众的信任度和满意度。这种透明化信息公开方式，对于建设开放、公平、透明的园区管理体系具有重要意义。

智能园务信息公开系统能够确保信息及时更新、准确传达。在过去，园区规章制度更新信息和服务指南变化信息往往通过传统的纸质文件或口头通知的方式传达给目标受众，可能造成信息传递的延迟和失真。智能园务信息公开系统通过电子化的方式，能够实时更新规章制度变动信息和服务信息，确保园区内外的企业和公众都能第一时间获取最新的、准确的信息。

智能园务信息公开系统能提高园区管理的透明度。园区将园区的管理规章、服务指南等信息公之于众，可使管理部门的工作更加透明。企业和公众可以直观地了解园区的运营、管理细节。这种透明化管理不仅有助于优化园区的形象，也能够促进企业和公众对园区管理的理解和支持，使园区与企业、公众建立良好的互信关系。

智能园务信息公开系统能增强企业和公众的参与感。利用开放的信息公开平台，企业和公众不仅可以获取信息，还可以通过留言、反馈等方式参与园区的管理和决策。这能够让园区管理更加贴近企业和公众的实际需求，也让企业和公众感受到自己对园区发展具有一定的影响力，能提升企业和公众的满意度。

智能园务信息公开系统还能为园区内的企业提供一个展示平台。企业可以利用该系统发布企业新闻信息、产品信息和服务指南信息等，提高曝光度，与其他企业进行信息交流和合作。该系统不仅有利于企业发展，也有助于园区打造园区内部的良好商业生态。

第四节　科技产业园数智化转型升级过程中的机遇

通过应用信息技术、整合资源，科技产业园变得更加智慧化和科技化。这不仅体现在软件与信息技术提高重资产品质和利用效率上，也体现在园区基础设施建设、安全保障、管理、服务等各方面信息化发展上。数智化园区的核心是通过应用信息技术，实现精细化、智能化的园区管理与服务。数智化园区打破了传统产业园区在信息应用方面的局限，采用新一代信息与通信技术，如物联网技术、大数据技术、云计算技术、人工智能技术等，构建一个及时响应、高度互动、全面的信息处理系统。这种系统能够获取、传递和处理信息，基于海量数据分析，实现对业务与财务的一体化管理、内部管控和多业态的协同发展，以及经营管理决策和业务流程的优化。数智化园区的发展能从多个维度提升园区的管理效率，增强产业集聚效应，促进企业的竞争、合作，增强园区及企业的可持续发展能力。园区数智化转型能提高园区的服务质量和管理水平，为园区内的企业提供良好的运营环境，增强园区对企业的吸引力。园区在数智化转型过程中会有一些新机遇。

一、产业升级的新机遇

科技产业园的数智化转型升级不仅包括技术革新，也包括产业发展模式、经营理念以及园区管理方式的全面升级。通过应用信息技术，科技产业园能够在产业集聚、产业链延伸、对高新技术企业的吸引力提升以及创新驱动发展等方面实现质的飞跃。

第一，园区的数智化转型升级能够显著提升产业集聚度，为产业链的延伸提供坚实基础。园区的数智化转型升级不局限于单一企业的数字化发展，而是涵盖了整个产业链条的优化、升级。园区在数智化转型过程中会构建一个信息交流与处理平台。该平台能为园区内外的企业提供协作环境，加强产业链内的企业互动和协作，推动产业链向更高价值环节延伸，为园区内的企业提供广阔的发展空间和无限的创新可能。在这样的平台上，企业可以实时获取市场动态信息、技术发展信息以及合作伙伴的需求信息，从而快速响应市场变化，优化产品和服务。信息的高效流通和共享，为产业链的优化、升级提供了强有力的支持。

第二，园区通过数智化转型升级，能为企业提供高效的信息服务、便捷的管理服务和丰富的创新资源，显著加快高新技术企业集聚，使科技产业园成为高新技术企业的汇聚地。企业集聚不仅仅是企业在物理空间的集聚，也是技术、资本、人才等创新资源的集聚，对园区的产业升级和可持续发展具有深远的影响。

园区通过数智化转型，能为企业提供基础设施智能化管理服务、数据处理服务、云计算服务等，降低企业的运营成本，提高企业运营效率。此外，园区还能为企业提供科研设施共享服务、技术转移服务、资本对接服务等创新资源，吸引大量追求技术创新和业务拓展的高新技术企业入驻园区。

高新技术企业的集聚会吸引更多的科技龙头企业和创新型中小企业加入园区，形成强大的产业集聚效应。这种集聚不仅能促进企业技术交流和合作，加速新技术的应用和推广，还能促使园区内部企业进行创新实践，为园区的产业结构升级和经济增长提供强劲动力。随着越来越多的企业和机构认识到数智化转型的重要性，园区的产业变得日益多元化，不仅包括传统的制造业、信息技术产业，还扩展到生物科技、新材料、环境科技等领域。多元化的产业有助于园区抵御外部经济波动的风险、提高竞争力和吸引力。

第三，数智化园区的建设使得产业结构和产业布局更加合理。数智化园区通过数字化和智能化转型，在产业结构的优化上，展现了独特的优势，不仅能够吸引更多的高新技术企业入驻园区，还能够促进不同产业的互补与融合，实现资源的高效利用，使得产业布局更加合理，进而提升园区的竞争力和可持续发展能力。园区通过应用先进的信息技术，如大数据分析技术、云计算技术和人工智能技术，能为园区管理者提供数据支持和数据分析结果。这些技术可以帮助园区管理者了解产业发展的趋势、需求以及市场机会，为产业规划提供依据。这样，园区可以吸引并集聚与园区发展战略相符的企业和项目，打造特色鲜明、优势互补的产业集群。

应用大数据分析技术，园区能够了解不同产业的联系和协同发展的可能性，通过有针对性的引导和资源配置，促进不同产业交流与合作，推动产业链延伸和价值链提升，使产业结构更加合理，提高园区内企业的竞争力，创造更多的增值服务和创新成果。

数智化园区的建设还能减少资源浪费，实现资源的优化配置。通过精准的产业定位和科学的产业规划布局，园区能够确保基础设施和服务资源的高效利用，避免不同产业的无谓竞争和资源浪费，为企业提供有利于高效运营、降低成本的发展环境。

第四，数智化转型给科技产业园带来了前所未有的创新机会。数智化转型不仅给科技产业园带来技术革新，也使科技产业园在管理、商业模式及服务上实现了跨越式发展，为科技产业园注入了新的活力。园区通过引入人工智能技术、大数据分析技术、云计算技术等，能够优化园区内企业的生产流程和管理流程。这些技术的应用不仅能提高生产效率，降低运营成本，还能提高决策的准确性和效率。通过实时的数据分析和数据驱动的决策，企业能够快速响应市场变化，把握商机，研发、生产新产品，实现快速发展。

在科技产业园，企业能够通过应用新技术，探索新的业务模式，进行服务创新。例如，通过应用云平台，企业可以实现远程办公和在线协作，打破地域限制，吸引全球优秀人才；通过大数据分析，企业可以深入了解客户需求，为客户提供个性化的产品和服务，增强市场竞争力。另外，科技产业园通过数智化转型，还能促进园区内外部资源的整合和共享，使园区内企业获得更多的创新资源。通过建立统一的信息平台，园区内的企业可以便捷地获取政策信息、市场动态信息、技术资源等，实现资源的高效配置和利用。园区也能通过信息平台吸引外部的投资和合作伙伴，为企业提供更多的发展机会和创新资源。

园区通过智能化转型，为企业营造了充满活力的创新环境。这样的环境不仅有利于现有企业的发展，也能吸引更多创新企业和创业者入驻园区。园区通过为企业提供支持创新的资源和服务，如孵化器、加速器、创业投资服务等，可以促进企业技术创新和商业模式创新，推动园区的持续发展和产业升级。

二、构建智慧生态系统的新机会

数智化转型不仅给科技产业园带来了产业升级的新机遇，也为构建智慧生态系统提供了新机会。智慧生态系统是建立在数字化基础设施和互联互通的信息网络基础上的。构建智慧生态系统的目的是通过智能化手段促进资源的高效配置和利用，推动产业的创新发展，实现园区的可持续发展。

（一）打造智慧园区生态链

园区构建智慧园区生态链，不仅需要对园区内部产业链进行优化与升级，也要通过数字化转型，将云计算技术、大数据技术等前沿技术与园区产业深度融合，推动产业链高效协同和资源共享，为园区提供新的发展动力。为了打造智慧园区生态链，园区需要构建智能化的管理和服务平台，实现园区内部产业链的优化运作。园区应用这一平台，能够对数据进行即时收集、分析和应用，提高产业链各环节的协同效率，从而提高整个产业链的运营效率和响应市场的速度。

智慧园区生态链通过云计算技术、大数据技术等，实现了与外部资源的联结。这不仅能拓宽园区的资源获取渠道，也能为园区内企业提供市场拓展路径。例如，园区可以通过云平台接触全球的创新资源和高新技术，引入最新的研发成果和技术，促进园区内企业技术创新和产业升级。通过构建跨区域、跨行业的合作网络，园区内企业可以更容易地找到合作伙伴，实现资源共享和互利共赢。智慧园区生态链还能促进产业升级。通过引入新技术和新业务模式，园区不仅能够优化现有产业链，还能够开拓新的产业领域。例如，园区可以构建智能制造系统，推动传统制造业向智能制造产业转型，提高生产效率和产品质量；通过发展数字经济，园区可促进企业探索新的商业模式、开拓新的市场空间。

（二）促进跨界合作与融合创新

智慧生态系统的构建给科技产业园带来了跨界合作与融合创新的新机遇。在这样一个生态系统中，基于共享的信息和资源，不同行业的企业及不同机构可以深度合作，共同推进新商业模式和创新方向的探索。这种跨界合作不仅是技术创新的催化剂，也是推动产业互补与整合、提升园区竞争力和创新能力的重要力量。

在智慧生态系统中，信息技术成为联结不同产业的桥梁。例如，信息技术服务企业与传统制造业企业合作，可以将云计算技术、大数据分析技术、人工智能技术等智能制造技术应用于生产流程中，提升生产效率和产品质量，也为传统制造业的数字化转型开辟新路径。此外，环保科技企业与园区管理机构合作，可开发智能节能减排解决方案，推动园区的绿色发展。这体现了科技在促进园区可持续发展方面的重要作用。

跨界合作与融合创新，能为园区内外企业提供共同发展的平台。通过这种合作，园区内的企业可以更快地获取外部的创新资源和市场信息，加速技术研发和应用。这种开放式合作模式，能促进知识共享和技术转移，加速创新成果的产业化。跨界合作与融合创新还有助于产业生态圈形成。在智慧生态系统的支持下，园区能够汇聚各类创新资源，如人才、技术、资本等，营造互动、开放、协同创新的环境。这种环境不仅有利于促进园区内外企业的共同成长，还能吸引更多的投资者和合作伙伴，为园区的长期发展注入新的活力。

（三）增强园区的吸引力与竞争力

智慧生态系统的建设能够在多个层面增强科技产业园的吸引力和竞争力。科技产业园通过建设智慧生态系统，能够为园区内企业提供高效、便捷的管理服务、丰富的创新资源和优质的居住环境、工作环境。这样，园区能够吸引更多的高新技术企业和人才，形成强大的创新集聚效应。这种创新集聚效应不仅能够促进园区内部企业的技术交流和合作，还能够吸引外部的投资和人才，促进创新生态圈形成和持续发展。同时，园区的开放性和互联互通性，能够给园区带来更广阔的合作空间和更大的发展潜力，为园区的长期可持续发展奠定坚实的基础。

拥有智慧生态系统的科技产业园，能够为企业和员工提供个性化的服务，能够满足企业和员工的多样化需求。园区的服务不仅能满足企业的生产经营需求，如智能制造、产品研发、市场推广等方面的需求，还能满足员工的生活需求，如智能出行、远程医疗、在线教育等方面的需求。全方位的服务能够提高园区内员工的生活质量和工作效率，吸引更多优秀企业和人才选择入驻园区。园区智慧生态系统建设还能够促进园区与城市、地区乃至全球的联结和交流。通过智慧平台的互联互通功能，园区可以很容易地接入全球创新网络，获取最新的技术发展动态信息和市场信息。这种开放式交流和合作模式，不仅能够给园区带来更多的发展机遇，还能够提高园区的国际影响力和竞争力。

三、可持续发展机遇

数智化转型给科技产业园带来可持续发展机遇。园区通过数智化转型，应用先进的信息技术，不仅能够实现经济效益的提高，也能够更好地履行社会责任，在环境保护方面发挥积极作用，促进园区可持续发展。

第一，实施绿色低碳的产业发展模式是园区数智化转型的重要目标之一。

科技产业园通过数智化转型，可以促进绿色低碳产业发展。这不仅有助于提升园区自身的可持续发展能力，也能为园区内企业提供绿色低碳发展的条件。智能能源管理系统、节能减排机制和资源优化配置措施等，能给园区带来经济效益、环境效益和社会效益，实现园区发展的绿色转型。

智能能源管理系统在园区的能源利用中起到核心作用。该系统可实时监控园区内的能源消耗情况，收集和分析能耗数据，识别能源使用中的不足之处，为园区提供科学的能源利用优化方案。例如，该系统可动态调整能源分配，优化能源使用模式，实现对能源的高效利用，减少能源浪费。

建立节能减排机制也是促进绿色低碳产业发展的关键措施之一。园区可以制定严格的节能减排标准和制度，鼓励园区内企业采用低碳技术和产品，减少碳排放。同时，园区对企业的节能减排进行激励和监管，确保园区向绿色低碳方向发展。

资源优化配置同样不可忽视。科技产业园通过数智化转型，能够精准地掌握园区内外的资源信息，实现对资源的合理配置和高效利用。例如，园区利用智慧物流系统，能优化物流路线和运输方式，减少物流中的能耗和碳排放；利用智慧水务系统，可实现水资源合理分配和循环利用，减少水资源浪费。引入清洁能源和推广绿色建筑设施，也是实现园区绿色低碳发展的重要方向之一。园区通过使用太阳能、风能等可再生能源，可以降低对化石能源的依赖度，减少碳排放；通过建设绿色建筑，能提高能源使用效率，减少建筑使用过程中的能耗和碳排放。

第二，数智化转型还能显著提升园区的社会信誉和品牌价值。

数智化转型在推动科技产业园绿色低碳发展的同时，优化了园区的社会形象，显著提升了园区的品牌价值。通过实施数智化转型，园区能够塑造环保、友好的形象，积极参与社会公益活动，展现出强烈的社会责任感，从而吸引更多的社会资源，为园区的长期发展打下坚实基础。

园区的数智化转型不局限于技术的革新，也包括管理模式和企业文化的全面升级。利用智能能源管理系统、环保监测系统等，园区能够减少资源浪费和环境污染，展现对环境保护的积极态度和责任感。此外，通过构建公开透明的管理体系，及时公布能源消耗数据、环境保护措施和社会公益活动信息，园区能够获得良好的社会信誉，促进企业和公众对园区的信任和支持。园区还可通过积极参加社会公益活动，如环保项目、社区服务和教育支持活动等，履行社会责任。这些活动不仅有助于解决社会问题，还能够增强企业和员工的社会责任感，促进园区发展。这些做法能够提升园区的品牌价值。在信息化时代，公众越来越关注企业的社会责任和环境保护行为。一个积极承担社会责任、注重环境保护的智慧园区，能够吸引更多人关注和认可，打造良好的品牌形象。园区品牌价值的提升和品牌形象的优化，不仅能够吸引更多优秀企业和人才加入园区，还能够提高园区的市场竞争力，促进园区的长期可持续发展。

第四章 科技产业园数智化转型升级的推进方略

第一节 科技产业园数智化转型升级的科学规划

一、制订可行性方案

（一）需求分析

科技产业园在数智化转型升级的过程中，进行深入的需求分析，是确保项目成功实施的关键步骤。需求分析不仅涉及对园区管理、服务、创新等的深入分析，还需要充分考虑园区的基础设施、企业以及园区与政府部门的互动等方面的情况。

1.明确数智化转型升级的目标和范围

园区进行需求分析，需要对园区面临的主要挑战和机遇进行全面分析。挑战可能包括资源分配的不合理、创新能力不足等问题。机遇可能来自技术的发展、市场需求的变化、政策支持的加强等方面。通过需求分析，园区可以明确数智化转型升级的重点领域，为之后的项目规划和资源配置提供依据。

在园区管理方面，数智化转型升级的目标可能是通过信息化手段提高园区的运营效率，比如，通过应用智能能源管理系统减少能耗、通过应用智能监控系统提升安全管理水平、通过应用数字化的物业管理系统提高服务响应速度等。通过实现资源优化配置和业务高效运作，园区不仅能够降低运营成本，还能提升企业的满意度和园区的竞争力。

服务方面的需求分析聚焦通过数字化手段为企业提供个性化和高效的服务，例如，为园区内的企业提供便捷在线办公平台、高效的企业对接服务、丰富的市场资源等。数智化转型升级应能够提升园区的服务质量和效率，促进园区内企业的发展，同时，吸引更多优质企业入驻园区。

在创新方面，数智化转型升级的目标是构建开放和协同的创新生态系统。为此，园区需要通过数字化平台促进信息共享、知识交流和资源整合，激发创新活力，促进跨界合作。通过打造有利于创新和创业的环境，园区可以吸引更多的创业者和创新企业入驻，推动科研成果转化和产业升级。

促进产业发展方面的需求分析旨在通过数据分析和智能化手段，推动产业链的升级和产业结构的优化，例如，通过大数据分析揭示产业发展趋势、利用人工智能优化产业链、利用云计算技术和物联网技术推动产业智能化转型等。通过采取这些措施，园区可以增强产业集聚效应，促进高新技术产业的发展，提升核心竞争力。

2. 考虑园区内企业的实际需求和期望

科技产业园在制订数智化转型升级方案的过程中，深入了解并充分考虑园区内企业的实际需求和期望，是确保转型成功的关键。为此，园区管理者应与企业建立有效的沟通机制，通过访谈、问卷调查等多种方式，收集企业对数智化服务的具体需求信息。

企业对技术支持的需求十分迫切。随着科技的快速发展，许多企业希望通过引入先进的数字技术，如大数据技术、人工智能技术、物联网技术等，提升产品研发能力、生产效率和市场竞争力。因此，园区在进行数智化转型升级时，需要考虑为园区内的企业提供易于获取和应用的技术支持服务，如技术咨询服务、解决方案定制服务、技术培训服务等。

市场拓展是园区内企业普遍关注的问题。在经济全球化的环境下，企业渴望通过数智化手段拓宽销售渠道，增加市场份额，提升品牌影响力。因此，园区需要通过构建数字化营销平台、提供市场分析服务、组织线上和线下的推广活动等方式，帮助企业增加市场份额、增强市场竞争力。

人才是支撑企业持续成长的核心资源。园区在数智化转型升级过程中，应考虑建立人才培训和引进机制，通过与高等教育机构合作、举办技能培训班和创新创业大赛等方式，吸引和培养数字化人才。

资金支持对企业（尤其是初创企业）的成长至关重要。园区需要通过建立风险投资基金、搭建融资对接平台等方式，为企业提供资金支持，降低企业成长的资金门槛。园区还需要与政府部门建立密切合作关系，通过数智化手段更好地贯彻执行政府政策，利用政府资源支持园区和企业的发展。园区可以为企业提供政策宣传解读服务、项目申报指导服务、政策资金对接服务等，帮助企业更好地利用政府提供的各项支持政策。

3. 对园区管理和服务进行全面的需求分析

这种需求分析旨在深入挖掘园区运营中的各种潜在问题、现有管理和服务流程改进机会，明确数智化转型升级的目标和预期效果，确保数智化转型措施能够真正解决实际问题，提升园区的运营效率和服务质量。园区进行这方面的需求分析，需要对园区的管理流程进行全面的梳理和评估。这涉及园区的物业管理、企业服务、安全监管、能源管理等多个方面。需求分析人员需要通过与园区管理团队、企业代表和服务人员进行深入交流，收集他们对现有管理流程的反馈信息和建议，了解管理和服务中的低效环节、信息孤岛、资源浪费等问题；也需要了解园区现有的信息系统基础设施，评估这些设施对引入新技术的适应性和可扩展性，为后续的系统集成和升级提供决策支持。

需求分析人员应当重点关注数据安全和隐私保护的需求。随着数字技术的广泛应用，园区在运营过程中会产生和处理大量的数据，如企业信息、员工个人信息等。确保这些数据的安全，防止数据泄露和滥用，是园区数智化转型升级过程中不可忽视的重要议题。需求分析人员需要了解园区在数据安全管理和隐私保护方面的现有能力和不足，为园区制订有效的数据安全策略、采取隐私保护措施提供依据。需求分析人员还应分析园区数智化转型升级可以带来的价值和效益，通过对比分析数智化转型前后的管理流程和服务流程，评估数智化转型措施能够带来的效率提升、成本节约、服务质量提高等方面的具体效益。这不仅可以帮助园区管理者清晰地认识数智化转型升级的必要性和紧迫性，还能够为数智化转型过程中的项目推进提供动力和支持。

4.需求分析的结果

需求分析的结果可为园区数智化转型升级项目的规划和实施提供决策支持。通过精细化的需求分析，园区能够明确数智化转型升级的具体目标、范围和重点，从而制订精准的数智化转型升级方案，确保项目实施的有效性和针对性。需求分析的结果不仅涵盖了对园区运营管理、服务、创新、产业发展等多个方面的分析结果，还包括对园区信息系统基础设施的评估结果、对数据安全和隐私保护需求的分析结果等。园区管理者通过需求分析结果，能够准确把握数智化转型的方向和重点，为后续的技术选择、系统设计和项目实施提供可靠的决策支持。

需求分析也有助于加强各利益相关方对园区数智化转型升级项目的认同和支持。通过充分展示需求分析的过程和结果，园区管理者可以更好地与园区企业、政府部门、服务提供商等相关方沟通和合作，打好项目实施的合作基础，确保数智化转型措施得到有效落实并产生实际效益。

在园区制订可行性技术方案时，需求分析的结果能为园区提供评估和选择不同技术方案的依据。园区管理者通过对现有资源和技术基础的深入了解，结合园区的长远发展目标和运营策略，能选择符合园区实际情况的数智化技术解决方案，避免资源浪费和技术选型失误。

（二）方案制订

在明确数智化转型各方面需求后，接下来园区需要制订详细的数智化转型方案。明确的数智化转型方案不仅能为园区的数字化建设提供具体的路径，也能为园区的发展规划制订和战略调整提供基础。数智化转型方案制订是一项系统性工程，园区管理者需要具备全局观念和前瞻性思维，综合考虑技术进步、市场需求和园区实际情况，制订科学的数智化转型方案，以确保数智化转型顺利进行，给园区带来持续的发展动力和竞争优势。

1. 基础设施是数智化转型的物质基础

园区在制订数智化转型方案时，应将基础设施建设作为重中之重，科学规划，合理投资，确保基础设施的先进性和可靠性。基础设施作为园区数智化转型升级的物质基础，不仅直接影响园区运营的效率和园区安全性，也是园区未来发展和创新的基石。随着物联网技术、云计算技术、人工智能技术等前沿技术的迅速发展，园区可以通过应用这些技术，实现对各种设施、能源和安防系统的智能化管理，从而显著提高运营效率，保障园区的安全。园区应用物联网技术，可以实现对园区内设施的实时监控和管理，使园区管理者能够及时获取关键信息，快速响应各种情况。云计算可以为园区提供强大的数据存储和处理能力，支持大数据分析和智能决策。园区应用人工智能技术，可以提升园区安防系统的智能化水平，如应用人脸识别技术加强入口管理，通过异常行为分析进行安全风险预警。

基础设施的智能化建设能够优化现有的业务流程，给园区带来运营效率的显著提升，为园区内企业创造良好的发展环境。例如，园区应用智能化的物流系统，可以实现对货物的快速分拣和配送，减少物流成本和时间；应用智能能源管理系统，可以实现能源高效利用，降低园区的能耗。

基础设施的智能化建设还能为园区未来开展新业务、实施新模式提供支持。随着技术的不断进步和市场需求的变化，园区需要不断探索和尝试新的业务模式和服务模式，如远程办公、智慧医疗、在线教育等。这些新模式的实施，往往依赖基础设施支撑。基础设施的智能化建设不仅是满足园区当前需求的基础，也是园区可持续发展和长期保持竞争力的关键。

2. 数据管理平台建设是数智化转型的核心内容

在数字经济时代，数据被视为资源。有效管理数据对园区的智能化发展至关重要。园区构建一个数据管理平台，不仅能够实现对园区内各种数据的采集、安全存储、深入分析和直观呈现，还能够为园区管理者提供决策支持，推动园区的智能化、精细化管理。园区在制订数智化转型方案时，应重视数据管理平台建设，充分发挥数据的价值，为园区的长期发展提供数据支持。

数据管理平台能够汇聚园区内外的多种数据，如企业运营数据、环境监测数据、能源消耗数据、安防监控数据等。园区管理者利用数据管理平台，对这些数据进行收集和整合，可以获得全面的园区运营情况信息，实现对园区的全局监控和管理。

数据安全存储是数据管理的重要组成部分。随着数据量的日益增长，确保数据的安全、稳定存储成为一个挑战。园区在数据管理平台上建设先进的数据存储系统，采用加密技术和备份机制，可以保障数据安全和可靠，防止数据丢失和泄露。

数据分析和数据直观呈现是数据管理平台的核心功能。应用数据管理平台，园区管理者可以对收集到的大量数据进行深入挖掘和分析，了解业务发展的趋势和问题。例如，园区通过分析企业运营数据，可以发现关于产业发展的热点问题和痛点问题，为产业发展策略制订和资源配置提供依据；通过分析环境监测数据，可以优化能源使用和环境管理，实现绿色、低碳发展。数据的直观呈现对提升决策效率和质量至关重要。应用数据管理平台，园区管理者可以直观地查看各种数据指标和数据分析结果，快速了解园区的运营状况和发展趋势，做出精准的决策。

3. 应用场景建设是数智化转型的技术应用实践

应用场景建设是科技产业园数智化转型的关键步骤之一，将数字技术应用于园区的具体场景中，为企业和员工提供高效、便捷的服务，提升园区的服务水平和运营效率。通过应用场景建设，园区不仅能够直观展示数智化转型的成果，还能够吸引更多的企业入驻园区，增强园区的竞争力，推动园区的可持续发展。园区在制订数智化转型方案时，应重视应用场景建设，充分利用数字技术优化园区服务和管理，给园区带来更好的发展机遇。

智慧招商系统利用大数据技术、云计算技术等，可对园区内外的招商信息进行整合、分析，为园区提供招商决策支持，提高园区招商效率和成功率。应用智慧招商系统，园区管理者可以精准定位目标企业，实现精准营销，同时，为入驻企业提供一站式服务，提升园区的服务品质。

智慧物业管理系统可通过物联网技术实现对园区建筑物、设施的实时监控和管理，优化能源使用，降低运维成本。例如，该系统通过智能调节室内温度、照明和通风，不仅能够提高员工的舒适度，还能够实现节能减排，推动园区绿色发展。

智慧交通系统能够对园区交通流量进行实时监控和数据分析，优化交通管理，缓解园区内的交通拥堵。例如，该系统能为园区内外的车辆提供最佳行驶路线，能实现智能停车，提高停车效率，为企业员工提供便捷出行的体验。

智慧安防系统通过视频监控技术、人脸识别技术、入侵检测技术等，为园区提供全天候的安全保障。应用智慧安防系统，园区可以及时响应各种安全事件，防范和应对安全风险，保障企业和员工的安全。

4. 线上平台建设是实现园区数字化和线上化的重要途径

线上平台建设是科技产业园实施数智化转型的关键环节。园区构建线上协同平台、线上办公平台、线上交易平台等多种线上平台，能给园区带来数字化和线上化的新机遇。这些平台不仅能够帮助园区内的企业和机构实现信息快速流通、资源高效共享，还能促进园区内外的合作与交流，打破地理和时间的限制，提升园区的运营效率和服务水平。

线上协同平台可以为园区内的企业、研究机构等提供共享资源的空间，支持文件共享、项目管理、即时通信等，使得园区内企业和机构的合作更加便捷、高效。该平台可以促进知识共享和合作创新，加快项目推进，提高园区内部企业和机构的协同效率。

线上办公平台能够支持远程工作、视频会议、电子文档处理等，帮助园区内的企业和员工实现灵活工作方式。

线上交易平台可以为园区内的企业提供一个电子商务平台，支持产品展示、在线交易、电子支付等，帮助企业拓展线上市场、提升销售效率。通过线上交易平台，园区内的企业可以方便地接触到广泛的客户群体，实现产品和服务的快速推广。

线上平台还能够给园区带来很多数据资源。通过对线上平台上产生的大量数据进行分析，园区管理者可以深入了解企业需求、市场动态、运营效率等信息，为园区制订战略规划和决策提供数据支持。同时，这些数据可以为园区内的企业提供市场信息和业务优化的依据，促进企业快速成长。

5. 人才保障是数智化转型的关键支撑

人才是科技产业园数智化转型成功的关键。通过人才保障，园区不仅能够提升技术实力和管理水平，还能够培育和吸引更多的创新人才，推动园区持续发展和竞争力提升。园区在制订数智化转型方案时，应将人才保障作为重中之重，从而确保转型成功。

园区需要制订系统的培训计划，提升现有员工的数字素养。例如，园区可进行云计算技术、大数据分析技术、人工智能技术等前沿技术的培训，进行数字化转型策略、创新管理方法的培训。通过这样的培训，园区不仅可以加深员工对数字化转型的理解，提高员工对数字化转型的参与度，还可以提升园区的创新能力和应对市场变化的灵活性。园区还需要积极引进外部高端人才，尤其是那些在数字技术研发、技术应用、创新创业等方面有深厚背景的人才。园区通过制定人才培训和引进制度，营造有吸引力的、良好的工作环境，可以吸引优秀人才加盟，为园区的数智化转型提供技术支持和创新源泉。

园区还应当与高等院校、研究机构建立密切合作关系，通过产学研合作模式，培养符合园区发展需求的新型人才。这种合作不仅可以为园区输送具有新知识和新技能的人才，还可以促进园区与学术界的技术交流和知识共享，加快科研成果转化和应用。

园区还需要建立完善的人才激励和发展机制，比如，构建合理的薪酬福利体系，帮助员工进行职业发展路径规划，持续进行技能培训，支持员工个人成长，等等。通过这些措施，园区不仅能够吸引和留住人才，还能激发人才的创新潜能和工作热情，增强园区持续发展和创新的内生动力。

二、分阶段实施数智化转型升级方案

园区可分阶段实施数智化转型方案。通过明确的规划、充分的准备、有效的监督和灵活的管理，园区可以确保数智化转型顺利进行，实现数智化转型的最终目标。

第一，园区管理者对整个数智化转型过程进行细致的规划。在科技产业园数智化转型方案实施过程中，进行细致的规划不仅是转型成功的基础，也是保障转型有序进行的关键。对于数智化转型总体目标的确定、具体实施计划的制订、阶段性目标和关键任务的设置等，园区管理者必须进行精细的规划和安排。这样的规划不仅涉及技术革新，还包括对管理方式、服务模式、人才培养等的全面考量。

明确数智化转型的总体目标是规划的起点。园区管理者要对园区的现状进行全面的分析，了解园区存在的问题和不足，也要考虑园区的长远发展目标，基于分析结果，确定数智化转型的总体目标，如提高园区的管理效率、优化服务、促进产业升级等，这些目标应当具有可衡量性，以便后续实施和评估数智化转型。

要实现数智化转型总体目标，园区可制订详细的数智化转型方案实施计划。数智化转型方案实施计划应包括选择合适的技术和工具、进行必要的基础设施建设、设计转型过程中的关键工作流程等内容。园区管理者需要考虑数智化转型方案的可行性和实施难度，合理分配资源，确保每一步工作都有明确的责任人和完成时间节点。

园区管理者通过设置阶段性目标和关键任务，能够将数智化转型过程分解为若干可管理和可控的小步骤。每一阶段的目标都应当具体、明确，与总体目标衔接，这样可以使每一阶段的工作都能够为达成最终目标做出贡献。园区管理者设置关键任务时，需要对园区的运营和管理有深入的了解，准确把握数字化转型的关键点和难点。

园区还需要建立对前阶段数智化转型方案实施情况的监控和评估机制。这种监控和评估机制包括对每一阶段工作成果的评估、对目标完成情况的监控以及对计划实施过程中偏差的处理。通过这种动态管理方式，园区管理者可以确保数智化转型的灵活性，及时应对出现的问题和挑战。

第二，数智化转型方案每个阶段的实施都应该建立在充分调研和准备基础上。数智化转型方案每个阶段的实施不仅是对前一阶段工作的总结和反馈，也是对后续工作的规划和优化。通过这种循环反馈和持续优化的过程，科技产业园可以确保数智化转型的每一步都能够得到有效的监控和管理，最终实现园区的持续发展和竞争力提升。

在数智化转型每个阶段开始前，园区管理者需要进行充分的调研和准备。园区管理者需要对前一阶段的数智化转型方案实施效果进行详细评估和总结。这不仅包括评估数智化转型方案实施成果是否达到预期目标，还包括分析实施过程中出现的问题和挑战，总结实施策略的不足之处。通过这种评估和总结，园区管理者可以为后续阶段的规划和调整提供实证基础。基于评估结果，园区管理者需要进行问题判断和需求分析，了解问题和不足，这可能涉及技术、管理、人才、文化等多个方面。例如，园区管理者如果发现数据管理体系存在漏洞，则可能需要加强数据安全管理；如果发现员工对新技术的接受度不高，则可能需要加大培训力度。通过这种判断、分析，园区管理者可以准确地定位问题，明确数智化转型方案后续实施的重点和方向。园区管理者还应与园区内企业、员工和政府部门等各方进行广泛沟通，全面了解各方的需求和期望，促进各方对数智化转型的支持和参与，为数智化转型方案的顺利实施创设良好的外部环境。

园区管理者需要根据调研和评估结果，调整和优化数智化转型方案实施计划。这可能包括调整技术选型、优化管理流程、调整人才培养计划等。园区管理者在调整数智化转型方案实施计划时，需要考虑园区的资源配置、技术可行性、市场需求等因素，确保计划的实际可行性和有效性。

第三，在每个阶段都明确具体的任务和责任人，建立任务执行的监督和评价机制。这不仅是数智化转型成功的基础，也是提升园区管理水平、促进园区持续发展的关键。园区管理者需要根据数智化转型的总体规划，将总体目标拆解为阶段性目标，根据目标设置细化的具体任务。每项任务都需要有明确的执行步骤、完成时间节点、预期成果和责任人。这种分解任务和明确责任的做法，能够确保园区数智化转型的每一步都有明确的任务执行计划和负责人，提高任务执行的针对性和有效性。另外，建立任务执行的监督和评价机制对园区数智化转型的成功至关重要。园区管理者应定期检查任务执行情况，及时发现问题，并采取措施解决问题。对于关键任务和重点项目，园区可以设置里程碑，通过达成里程碑情况来评估项目进度和效果。这种监督和评价机制不仅能够确保任务的有效执行，还有助于园区管理者及时调整数智化转型策略、优化转型路径。

第四，园区还应建立反馈和沟通机制，鼓励园区内外各方积极参与园区数智化转型。通过定期的项目会议、工作汇报和沟通会等，园区管理者、责任人以及园区内外的相关方可以共享信息，交流经验，提出建议，共同推进园区数智化转型的进程。这种开放的、有利于协作的工作环境，能够激发园区内外各方的创新思维，调动各方的积极性，为园区数智化转型提供支持和动力。园区管理者应当认识到，数智化转型方案分阶段实施的成功不仅取决于任务的明确和责任的落实，还取决于园区内外各方面资源的整合和利用。通过优化资源配置、提升协作效率、促进技术创新和管理创新，园区可以更好地应对数智化转型过程中的挑战，实现园区的持续发展和价值提升。

第五，园区需要采用灵活管理策略。分阶段实施数智化转型方案不仅是一个系统化和计划性的过程，也是一个需要灵活管理的过程。在这一过程中，园区管理者必须具备管理能力和管理策略，以确保数智化转型能够应对各种挑战和变化，保障转型目标的顺利实现。

数智化转型过程中的不确定性因素包括技术进步、市场需求的变化、政策的调整等。为了应对这些不确定性因素，园区管理者需要建立灵活管理机制，采取应对措施，如制订灵活的项目计划、建立快速响应机制、进行风险评估和管理等。园区还需要在数智化转型过程中，对转型进程进行监控和定期评估，及时发现问题，分析问题产生的原因，并调整管理策略。例如，如果某一阶段的数智化转型方案实施效果不佳，那么园区可以快速调整实施计划，采取补救措施，或者重新制订后续的转型策略，以确保整个转型过程的连贯性和有效性。

灵活的管理还包括对人才和资源的灵活配置。在数智化转型的不同阶段，园区可能会面临不同的技术需求和管理挑战。这就要求园区管理者能够根据实际情况，灵活调配人才和资源，确保数智化转型的每一阶段都有充分的技术、管理支持。园区管理者还应鼓励跨部门、跨领域的合作，促进信息的流通和资源的共享，增强园区应对挑战的能力和创新能力。

园区管理者还需要重视与园区内企业、政府部门以及其他合作伙伴的沟通和协作。通过建立沟通机制，园区可以更好地了解各方的需求和期望，及时调整数智化转型策略，推进数智化转型的进程。

第六，园区建立全员参与数智化转型的机制。在数智化转型方案分阶段实施过程中，建立全员参与转型的机制是推进转型的关键。这种全员参与转型的机制不仅涉及技术和管理的变革，也涉及园区文化和思维方式的改变。园区管理者要改变传统的自上而下的管理模式，采取开放和包容的态度，鼓励园区内的每一位员工、每一个企业积极参与数智化转型的过程。

全员参与数智化转型的机制能够激发园区内部企业和员工的创新活力。在数智化转型的过程中，园区内部企业和员工的解决方案和创新想法往往是推动转型进程的重要力量。园区可以建立信息平台，鼓励员工提出想法和建议，并收集员工的这些信息，从而发现和解决实际问题，促进园区内的知识共享和技术交流，提升整个园区的创新能力和竞争力。全员参与数智化转型的机制还有助于增强员工的团队协作精神和归属感。数智化转型是一项系统工程，需要园区内各个部门的密切合作。园区鼓励全员参与数智化转型，可使园区的每个人都能够在转型过程中发挥作用，感受到自己的价值得到发挥、贡献被认可，这有利于提升团队的凝聚力和员工的积极性。

要使员工更好地参与数智化转型，园区需要对员工进行必要的培训。随着数智化技术的不断发展，园区内员工的技能和知识也需要不断更新。园区通过组织培训、研讨会等，可帮助员工提升数字素养，为数智化转型提供人才保障，促进员工能力提升和职业发展。

园区还需要建立激励机制，设定清晰的目标和指标，对参与数智化转型并做出突出贡献的个人和团队给予奖励和表彰，激发员工创造力，调动员工积极性。

第七，园区管理者需要根据园区的实际情况，采用合理的数智化转型方案实施策略和工具。成功的数智化转型依赖管理者对园区内部环境的深入了解、对外部资源的整合以及对数字技术的灵活应用。

实施数智化转型方案时，园区管理者应进行全面的园区现状分析。园区管理者需要深入了解园区内部的基础设施、设备（如网络设施、安全系统、物联网设备等）现状。园区管理者不仅要了解硬件设施的状况，还要了解软件系统的运行状况、技术应用情况以及设备维护管理的情况。这样，管理者可以了解园区在基础设施方面的优势和短板，从而为后续的技术升级和系统集成提供决策依据。

科技产业园汇聚了多样化的企业。这些企业在技术应用和需求上存在显著差异。园区管理者可通过调研、访谈等方式，收集企业在数智化转型过程中的具体需求信息，如数据分析、云服务、智能制造、远程办公等方面的需求。

园区管理者还需要考虑政府政策支持和可调动的资金资源。在很多情况下，政府部门会提供政策引导、资金补贴、技术支持等多方面的帮助，促进园区的数智化建设。园区管理者需要充分了解这些政策资源，将其纳入数智化转型方案的资源配置中，以确保方案的顺利实施。同时，合理规划和评估资金投入，对于确保转型项目的经济可行性非常重要。

了解了园区的基本情况之后，园区管理者可根据园区的实际情况，选择合适的数智化转型方案实施策略和工具。园区的数智化转型并非一蹴而就的过程，需要基于园区的实际技术基础和业务需求，阶段性地引入和应用不同的技术和工具。对于技术基础较弱的园区来说，建设基本的物联网设施和数据管理平台是首要任务。这些基础设施具备实时数据采集、存储和初步分析的能力，可为后续更高级别的技术应用打下基础。此外，基础的云计算服务也是必不可少的。云计算可为园区提供计算资源和数据存储服务，保证数据的安全性和可靠性。随着园区基础技术的逐步完善，园区管理者可以考虑引入更为先进的技术，如人工智能技术、大数据分析技术、区块链技术等。这些技术能够进一步提升园区的业务智能化、自动化水平，为园区内企业提供精准和高效的服务。例如，通过应用大数据分析工具，园区可以对企业的运营数据进行深入挖掘，了解市场趋势和用户需求，为企业的发展提供数据支持；人工智能技术可以应用于智能安防、智慧交通等场景，提升园区的管理效率和服务水平。

在选择数智化转型方案实施工具时，园区管理者还需要考虑技术和工具的兼容性和可扩展性。随着园区业务的不断发展和技术的迅速更新，新引入的技术和工具应能够与现有系统无缝集成，也要具备一定的可扩展性，以便未来能够轻松升级或引入新的技术和服务。另外，技术、工具的应用依赖操作人员的技能和知识水平。园区管理者在实施数智化转型方案时，还需要注重人才引进和员工培训。园区不仅需要引进具备相关技术背景的专业人才，还应为现有员工提供必要的培训，确保他们能够熟练使用新引入的技术和工具。

第八，园区的数智化转型也需要建立在持续的沟通和协作基础上。

园区的数智化转型升级并非孤立进行，而是一个涉及多方协作和资源整合的复杂过程。成功的数智化转型依赖园区管理者与园区内的企业、政府部门以及外部合作伙伴的持续沟通和协作。这种跨部门、跨领域的合作模式，能够为园区的数智化转型提供全面的视角，同时带来更多的创新机会和资源。

园区管理者通过持续沟通，能够及时了解园区内外部的情况，如技术发展趋势、市场需求、政府政策等，这些信息对制订和调整数智化转型策略至关重要。园区管理者通过与园区内企业进行沟通，可以深入了解企业的实际需求和面临的挑战，从而制订更加符合实际需求的数智化转型策略；与政府部门沟通，可以更好地贯彻执行政府政策，获得政府支持，为数智化转型提供政策保障和资源支持。

园区通过跨部门、跨领域的协作，能够获得更多的资源，解决数智化转型过程中遇到的问题。例如，园区可以与科研机构、高校合作，共同开展技术研发和人才培养；与行业龙头企业合作，引入先进的技术和管理经验；与金融机构合作，解决数智化转型过程中的融资问题。跨部门、跨领域合作不仅能够给园区带来新的技术和管理资源，还能够为园区内企业提供更多的发展机会和市场渠道。

持续的沟通和协作还有助于园区构建开放、协同的创新生态系统。在这个生态系统中，园区内外的各方参与者能够共享资源、交流思想、协同创新，共同推动园区的数智化转型和可持续发展。这种创新生态系统，不仅能够提升园区的创新能力和竞争力，还能够吸引更多的企业和人才入驻园区。

第九，数智化转型不仅是技术和业务流程的更新，也是园区文化和思维方式的深刻变革。园区管理者不仅要建立技术更新机制，以适应快速变化的技术环境，还需要建设持续学习和创新的组织文化，鼓励园区内的企业和员工积极参与数智化转型。技术更新机制和文化建设，对于保持数智化转型的动力和长期效果至关重要。

园区管理者建立技术更新机制，需要保持对新技术的敏感性和开放性，定期评估园区当前的技术架构和应用系统，及时引入和应用新技术、新工具，以保持园区技术的先进性和竞争力。园区不仅要进行硬件设施的升级和软件系统的更新，也要对新技术（如大数据技术、人工智能技术、物联网技术等）进行探索和应用。通过建立技术更新机制，园区能够不断提升运营效率和服务质量，为企业提供更加优质的数字化服务。

建设持续学习和创新的组织文化，是激发园区内部创新活力和促进园区持续发展的关键。园区管理者需要在园区内部营造一种开放、包容、鼓励探索和创新的氛围，鼓励员工积极学习新知识、新技能，不断尝试新思路和新方法。园区可以举办培训工作坊、技术研讨会等，为员工提供学习和交流的平台，促进知识和经验的共享，激发园区内部员工的创新潜能。

鼓励园区内的企业和员工积极参与数智化转型，是实现转型成功的关键。园区管理者可以通过建立合作项目、举办创新竞赛等方式，激励企业和员工提出创新方案和改进意见、参与园区的数智化建设。企业、员工的参与和贡献不仅能够加快园区的数智化转型进程，还能够增强园区的凝聚力，推动园区的可持续发展。

三、树立项目典范，发挥示范效应

在科技产业园的数智化转型升级过程中，树立项目典范并发挥示范效应是一种高效的策略。园区精心挑选和推进一些具有代表性和创新性的项目，不仅可以直观展示数智化转型的实际成效，还能够激发园区内外各方对数智化转型的热情，激励园区内外的企业和机构积极参与数智化转型过程、共同推动园区的数智化水平提升。

在选择典范项目时，园区管理者需要综合考虑项目的代表性、创新性、可复制性和影响力等因素。项目应能够反映园区数智化转型的方向和重点领域，能够引入新技术、新模式，展示数智化转型的最新成果。项目的经验和成果可以在园区内部或其他园区中推广应用。项目应能对园区内外产生示范和带动作用。在实施示范项目的过程中，园区需要采用有效的策略，确保项目成功。

（一）广泛宣传和展示项目

通过广泛宣传和展示示范项目，科技产业园不仅能够展示数智化转型的成果，还能够提升园区的形象和吸引力，吸引更多的合作伙伴。这不仅能推动示范项目实施，也是促进园区数智化转型和创新发展的重要策略。园区应当充分利用多种宣传、展示手段，全方位推广示范项目，发挥项目的强大示范效应。

第一，媒体是宣传示范项目直接、有效的工具。园区可以通过新闻发布会、专题报道、社交媒体、官方网站、在线视频平台等，向社会公众传播示范项目的信息。园区通过媒体发布项目信息，可以迅速提高项目的知名度，吸引社会各界的关注和支持。同时，媒体的传播效应还能够产生更大的社会影响，促进园区与外界的交流和合作。例如，通过官方网站，园区可以实时更新和分享示范项目的进展情况、成效和相关活动信息，还能够加强园区与公众的沟通和互动，提升项目的影响力。

第二，举办专题研讨会、论坛和工作坊等，深入讨论示范项目成果。园区邀请行业专家、学者及园区内外企业代表参与专题研讨会、论坛和工作坊，不仅能够让他们对项目实施的经验、问题进行深入探讨，还能够让他们就数智化转型的趋势、策略进行交流。这种形式的项目宣传和展示，有助于提升项目的专业性和权威性，促进园区内外资源整合和利用。

第三，组织现场参观活动，可以让参与者直观地了解示范项目的实施过程和成效，提高项目的透明度。通过现场参观，参观者可以直观地感受到数智化转型带来的变化和价值，对数智化转型产生兴趣，认同数智化转型。现场参观活动也为园区提供了展示自身实力和吸引合作伙伴的机会，促进园区与外部各方合作。

（二）深入分析和总结项目

科技产业园在数智化转型升级的过程中，精心挑选并推进一些具有代表性和创新性的示范项目，可以展现数智化转型的实际效果和价值。对这些示范项目进行深入的分析和总结，提炼出其中的经验和教训，对于推广数智化转型具有重要意义。园区管理者和企业深入分析和总结示范项目，可以更好地理解数智化转型的具体内容和操作流程。其他企业和机构通过对示范项目的实施过程、所采用的技术方案、面临的挑战以及应对挑战的策略等进行细致分析，可以获得宝贵的第一手信息和经验，从而降低自身转型过程中的摸索成本和风险。

园区通过总结示范项目的经验和教训，可以得到一套可复制、可推广的模式和方法。这些模式和方法不仅涉及技术，还涉及项目管理、团队协作、资源整合等多个方面。这样的模式和方法，对于加快园区内外其他项目的实施进程具有重要的指导意义。深入分析和总结示范项目，还有助于不断优化和完善数智化转型的策略和措施。通过对示范项目的回顾和反思，园区管理者可以总结数智化转型的关键成功因素和常见失败原因，从而在未来的项目中有针对性地制订策略，提升数智化转型的效率和成功率。另外，示范项目的实施结果可以反映出园区在数智化转型方面的优势和不足，为园区的战略规划和资源配置提供依据。

（三）激励和引导企业

通过采取激励、技术支持、资金支持、鼓励合作等措施，科技产业园可以激发企业参与园区数智化转型的热情，增强企业的创新动力，推进园区的数智化转型和可持续发展。

激励是引导企业参与数智化转型的重要手段。园区管理者可以通过采取激励措施，如减免租金，为积极参与数智化转型的企业提供直接的经济激励。此外，对于在数智化转型中表现突出的企业和团队，园区可以通过评选"数智化创新奖""最佳合作伙伴奖"等方式进行表彰和奖励，提升企业的社会认可度和品牌影响力。

技术支持是帮助企业解决转型难题的关键。园区可以搭建技术服务平台，为企业提供技术咨询服务、研发支持服务、测试验证服务等，帮助企业解决在数智化转型过程中遇到的技术难题。园区还可以举办技术交流会、研讨会、培训班等，促进不同企业的技术交流和知识共享，提升企业的技术创新能力和数智化技术应用水平。

资金是企业进行数智化转型的基础保障。园区可以通过设立专项基金、提供贷款贴息、进行风险投资等方式，为企业的数智化转型项目提供资金支持。园区的资金支持可以降低企业的转型成本和风险，鼓励企业积极投入数智化转型。园区还可以与银行、投资机构建立合作关系，为企业引入更多的外部资金，支持企业的持续发展。

鼓励企业合作是实现园区数智化转型的重要途径。园区可以建立产业联盟、合作网络等，促进企业进行资源共享和业务协同，使企业形成互利共赢的合作模式。企业通过合作开发新产品、共建服务平台、共同参与市场拓展等，利用彼此的优势资源，共同推动园区的数智化发展。

（四）持续跟进和优化项目实施

示范项目的完成并非一蹴而就的。园区需要持续跟进和优化项目实施，确保项目能够适应变化的环境，解决项目实施过程中遇到的问题，最终达到预期的目标。

持续跟进示范项目的实施情况是确保项目成功的关键。园区不仅需要对项目进展进行监控，也需要对项目成效进行持续评估。这样，项目团队可以及时了解项目的实际进展情况，发现和解决问题，从而避免项目偏离预定的轨道。对示范项目的实施效果进行评估是持续跟进项目实施情况的一个重要环节。这包括评估项目是否达到了既定的目标、项目实施中存在的问题和挑战，以及项目对园区数智化转型的实际贡献。项目团队需要收集相关方的反馈信息，特别是项目受益方的反馈信息，以便更好地了解项目的影响和价值。根据项目实施的评估结果和收集到的反馈信息，项目团队可以及时对项目方案进行调整和优化。这可能包括调整项目目标、改进项目实施流程、引入新的技术或方法、加强项目团队培训等。通过这些调整和优化，项目团队可以更好地解决在项目实施过程中遇到的问题，提高项目的成功率和影响力。

持续跟进和优化项目实施，不仅能够确保示范项目成功，还能够强化项目的示范效应。通过展示项目调整和优化的过程，园区可以向企业和机构展现学习和改进的重要性，鼓励企业和机构积极参与数智化转型，并使它们从示范项目中汲取经验和灵感。同时，通过公开和分享示范项目的成功案例，园区可以提升在行业内的影响力和地位，吸引更多的合作伙伴，获得更多的资源。

四、建立健全监测机制和评估机制

在科技产业园的数智化转型升级过程中，建立健全监测机制和评估机制是确保转型规划成功实施和持续优化的关键。这一机制不仅能够确保转型项目的顺利实施，还能够为园区的持续发展和创新提供支持。通过有效的监测、评估，园区可以在数智化转型的道路上不断前进，实现可持续发展和价值创造。

（一）监测机制

在科技产业园数智化转型升级的规划中，建立监测机制尤为关键。园区管理者利用此机制，不仅能实时跟踪项目进展，了解资源分配情况，也能使数智化转型按照既定目标和计划高效推进。通过精确设定监测指标、严格执行监测，园区能够实现对数智化转型进程的全方位控制和管理，避免资源浪费和项目偏离轨道的风险。

监测机制的建立要基于对园区数智化转型全过程的细致规划，包括确定监测的关键绩效指标（key performance indicator, KPI），如项目实施的时间节点、预算消耗率、技术应用的广度和深度等。这些指标不仅需要具有可量化性，以便于进行实时跟踪和评估，还应具有全面性和综合性，覆盖数智化转型的各个关键环节。建立监测机制还需要确保能实时收集和分析监测数据。为此，园区需要利用先进的数据收集工具和数据分析平台，如物联网设备、云计算平台和大数据分析技术，实现对项目实施过程中各项关键指标的实时监控和数据分析。这样，园区管理者不仅能够及时了解项目的推进情况，还能够基于数据分析结果进行科学决策，提高决策的准确性和有效性。

有效的监测机制还需要使监测结果能够为实际的管理行动提供依据。园区管理者需要根据监测数据和数据分析报告，及时调整项目实施计划和资源配置，解决项目实施过程中出现的问题，优化项目管理和实施流程。此外，监测结果还应被用于评估数智化转型的整体效果、分析数智化转型过程中的经验和存在的不足，为后续的项目实施和转型策略调整提供依据。随着科技的发展和园区需求的变化，监测机制也需要不断优化和更新。园区应定期评估监测机制的有效性，根据实际情况调整监测指标和方法，引入新的技术和工具，以确保监测机制能够持续适应园区数智化转型的需求，支持园区管理的持续改进和优化。

（二）评估机制

园区建立有效的评估机制，不仅能够为园区管理者提供数智化转型项目实施的实时反馈信息，还能够定量地衡量数智化转型成效，识别并强化成功的策略，同时发现并弥补不足之处。通过定期评估数智化转型项目，园区能够确保数智化转型的每一步都基于科学的决策，从而提高整个转型过程的效率和效果。

建立评估机制的核心在于构建明确、可量化的评估指标体系。这个体系应涵盖技术应用、运营管理、服务提升及用户体验优化等各个方面，确保评估的全面性和客观性。例如，技术应用成效可以通过新技术在园区内的应用范围、应用稳定性等指标来衡量；运营效率可以通过比较数智化转型前后的成本节约、流程缩短等的数据来评估；服务质量和用户满意度可以通过用户调查、反馈信息收集等方式来评估。园区管理者需要定期组织评估，可以组织季度性评估或年度性评估，也可以在项目的关键节点进行特定的评估。园区管理者需要收集相关数据，可以对照事先设定的目标和指标，进行定量分析和定性分析，从而得出评估结果。在这一过程中，利用数据分析工具和专业评估团队的支持，可以提高评估的准确性和深入性。

评估结果的应用是评估机制的重要环节。园区管理者需要将评估结果及时反馈给有关部门和团队，与这些部门和团队共同讨论评估中发现的问题和不足，采取改进措施。同时，园区管理者应该总结经验和优秀案例，并将这些经验和案例作为未来决策的参考资料和园区内部的学习材料。此外，评估结果还可以用于向政府部门、合作伙伴和公众展示数智化转型的成效，增强园区的品牌影响力和吸引力。评估机制需要不断优化和调整。随着园区数智化转型的深入和外部环境的变化，评估指标和方法可能需要调整和更新。园区管理者应该定期审查评估机制的有效性和适用性，确保评估能够持续为数智化转型提供有力的支持。

（三）用户反馈

用户反馈信息的收集和分析是建立健全监测机制和评估机制的重要环节。用户反馈是从用户视角对数智化转型成果的直接评价，能够揭示用户的实际需求和期望，指出服务和技术应用中存在的问题，能为园区管理和服务的持续改进提供宝贵的信息和指导。

用户反馈的作用如图 4-1 所示。

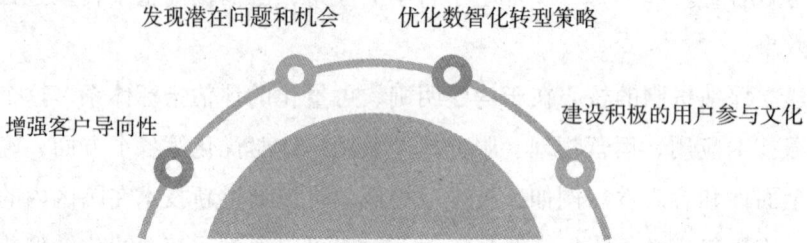

发现潜在问题和机会　　优化数智化转型策略

增强客户导向性　　　　　　　　　　　　建设积极的用户参与文化

图 4-1　用户反馈的作用

通过收集用户反馈信息和积极响应用户反馈，园区能够以用户为导向，以用户需求和满意度为中心，调整、优化服务和产品。这种以用户为中心的运营策略，能够提高用户的忠诚度和满意度，提高园区的竞争力。收集用户反馈信息，是发现服务中问题和机会的重要途径。用户可能会提出在服务交付或技术应用过程中遇到的具体问题，或者提出新的需求和建议。这些信息对园区来说是解决问题和创新服务的重要依据。用户反馈可以帮助园区管理者评估现有的数智化转型策略的有效性。园区管理者可基于用户的实际体验和反馈调整数智化转型方案。这种基于用户反馈的方案优化，能够确保数智化转型活动贴近用户需求，提升转型效果。园区鼓励用户反馈，并对用户反馈进行积极响应，可以建设积极的用户参与文化。用户感到他们的意见被重视并能够影响园区服务和产品的改进，参与感和归属感能够增强，这能加强用户与园区之间的联结。

（四）用户反馈机制的实施

为了充分利用用户反馈信息，园区需要建立有效的反馈信息收集和分析机制。一是构建多渠道反馈信息收集系统。园区应通过多种渠道（如在线调研、社交媒体、意见箱、客户服务热线等）收集用户反馈信息，确保用户可以通过方便的方式提出反馈意见和建议。二是定期进行用户满意度调查。通过定期的用户满意度调查，园区可以系统地收集用户对服务和技术应用的满意度信息和改进建议信息，为服务优化提供数据支持。三是对收集到的用户反馈信息，园区需要建立快速响应机制，确保用户反馈能够及时被处理和回复，提升用户体验。四是将用户反馈信息和满意度指标整合到园区的监测和评估体系中，确保评估结果能够全面反映数智化转型的实际效果、指导未来的转型方案优化和调整。

（五）数智化转型计划、策略修正和调整

建立健全监测机制和评估机制，不仅是跟踪数智化转型项目进展、评估项目成效的基础，也是实现项目持续优化的关键环节。园区可根据项目监测结果、评估结果及用户反馈信息，及时修正、调整数智化转型计划和策略，确保数智化转型成功和园区持续发展。

科技产业园所处的外部环境是动态变化的。外部环境变化包括技术进步、市场需求变化、政策法规调整等。这些变化可能会影响园区原有的数智化转型计划和策略的有效性。因此，园区需要根据项目监测结果、评估结果和外部环境变化，及时修正和调整数智化转型计划和策略，从而更好地适应环境变化，确保转型项目能够持续推进。通过监测和评估项目，园区管理者可以了解资源使用情况和项目实施效果，找出资源浪费和资源配置不当的问题，及时调整资源配置，优化项目实施方案，从而提高资源利用效率，减少开支，提升项目的性价比。在项目监测和评估过程中收集的技术应用成效信息和用户满意度信息等，为园区提供了宝贵的第一手资料，能指导技术优化和服务改进。园区可以根据这些信息及时修正技术应用方案和服务流程，不断提高技术应用的成熟度和服务质量，增强用户体验。园区持续监测和评估项目，基于此进行数字化转型计划、策略修正和调整，能够创设有利于持续改进和创新服务的环境。这样，园区能及时发现问题和机会，激发园区内部的创新活力，促进新技术和新模式的探索和应用，推动园区持续发展和升级。

为了进行数智化转型计划、策略修正和调整，园区应构建项目管理框架，根据项目监测和评估结果，灵活调整项目计划和实施方案。园区可设立专门的项目评估和调整小组，让该小组负责定期收集、分析项目监测数据和

用户反馈信息，提出项目计划修正建议；加强与园区内外部利益相关者的沟通，确保数智化转型策略调整得到理解和支持；建设鼓励开放和创新的文化，整合园区内外的资源，促进数智化转型方案持续优化。

第二节　科技产业园数智化转型升级的多维路径

一、加快建设数字化基础设施

　　数字化基础设施不仅是支撑园区运营和管理的根基，也是促进园区企业创新发展、提升竞争力的关键因素。高速、安全、可靠的网络是数字化基础设施的核心。在科技产业园，一个强大且灵活的网络通信系统能够保证数据的高速传输和实时交换，支撑园区内外的信息互联互通。园区不仅要部署先进的网络硬件设备，如路由器、交换机、光纤等，还需要引入有效的网络管理和安全防护措施，确保网络的稳定性和数据传输的安全性。数据中心作为数字化基础设施的重要组成部分，具备数据存储、处理和分析功能。园区构建先进的数据中心，可以高效管理和利用海量数据资源，支持大数据分析、云计算服务等，为企业提供决策支持，促进科技创新。园区部署物联网设备，能够实现对园区内外环境、设备的智能监控和管理。通过安装各种传感器和智能设备，园区可以实时掌握关键信息，优化资源配置，提高运营效率和服务质量。云计算平台可为园区提供弹性伸缩的计算资源和丰富的应用服务。通过云计算平台，园区内的企业可以根据实际需求快速获取计算资源，部署应用程序，实现业务的灵活开展。云计算平台还可为数据共享和跨界合作提供便利，促进知识流动和技术创新。

　　在建设数字化基础设施的过程中，园区需要明确投资优先级，遵循技术标准，采用数据安全策略，加强合作与共享，确保数字化基础设施的高效建设和应用。

（一）确定投资优先级

确定投资优先级是科技产业园建设数字化基础设施过程中的关键一环。通过需求评估、技术发展趋势分析、发展目标确立和资源有效配置，园区可以确保有限的资源被投入关键、有价值的项目中，从而支持园区的数智化转型和长期发展。园区管理者要具备前瞻性思维和全面规划能力，对园区内部需求进行深入了解，对技术发展趋势进行准确把握，对未来园区发展战略进行清晰规划，还需要促进跨部门、跨领域的沟通和协作，确保投资决策的科学性和有效性。园区合理确定投资优先级，可以在有限的资源条件下，优先满足最迫切的需求，支持最具潜力的发展方向，从而使投资效益最大化。

为了确定投资优先级，园区需要对当前和未来的业务需求进行全面评估，如评估网络通信的稳定性和速度、数据处理和存储能力、物联网设备的部署以及云计算资源的利用等方面的需求。业务需求评估应涵盖园区内所有利益相关方，如企业、研究机构、管理机构等，确保评估结果的全面性和准确性。在明确业务需求的基础上，园区需要对技术发展趋势进行分析。通过技术发展趋势分析，园区可以了解哪些技术投资能够给园区带来长期的价值，哪些技术可以解决当前的痛点问题。

园区还需要使投资优先级与园区的长期发展目标对齐。这意味着投资决策应支持园区的核心战略，如促进高科技企业的发展、建设绿色低碳园区、提升服务质量和效率等。这样，园区可以确保每一笔技术投资都用于实现园区发展目标，避免资源浪费和投资方向偏离。园区需要根据需求评估结果、技术发展趋势分析结果和发展目标，合理配置资源，确定各个项目的投资优先级。这可能意味着园区在短期内集中资源解决某一关键问题，或者在多个项目中平衡资源分配，以实现长期的战略目标。

（二）技术标准和安全策略

科技产业园在建设数字化基础设施的过程中，必须给予技术标准和安全策略足够的重视。园区遵循国际和国内的技术标准，引入成熟、可靠的技术解决方案，并制订数据和网络安全策略，可以确保数字化基础设施的安全、稳定，为园区内的企业和用户提供高质量的数字化服务，支持园区的数智化转型和长期发展。科技产业园在选择和应用数字技术时，必须遵循国际和国内的技术标准。技术标准是确保系统互操作性、兼容性和可靠性的基础，对于营造数字化环境至关重要。通过遵循技术标准，园区可以避免技术孤岛的出现，提高资源的利用率，促进园区内外的信息交流和企业协作。此外，遵循技术标准还有助于提升系统的安全性和稳定性，为园区内企业提供可靠的数字化环境。

科技产业园在建设数字化基础设施时，应优先考虑引入成熟、可靠的技术解决方案。成熟的技术解决方案通常经过了市场的长期验证，具有较高的稳定性和安全性，能够满足园区运营的高标准要求。同时，成熟的技术解决方案往往配备完善的技术支持和服务体系，可以在遇到问题时提供有效的解决方案，保障园区数字化运营的连续性和稳定性。随着数字化基础设施的建设和应用，数据安全和网络安全成为不能忽视的重要问题。园区需要制订完善的数据安全策略，如采取数据加密、访问控制、数据备份和灾难恢复等措施，以保护园区内敏感数据的安全。园区也需要制订全面的网络安全策略，通过采用防火墙、入侵检测系统、安全事件管理系统等，防范网络攻击和威胁，确保网络通信的安全。

（三）合作与共享

合作与共享是科技产业园在建设数字化基础设施过程中不可或缺的策略。通过与多方合作，共享资源和技术，园区不仅能够加快基础设施建设，提高资源利用效率，还能够促进园区内外的信息和技术交流，推动园区的数智化转型和可持续发展。面向未来，园区管理者需要进一步深化合作，扩大资源和技术共享范围，不断探索和创新，以实现园区的长期繁荣和发展。

在数字化基础设施建设过程中，园区与政府、企业、科研机构等多方合作，可以充分利用各方的优势资源和专业技术，与各方共同解决数字化基础设施建设中的技术难题和资金问题。政府可以为园区提供政策支持和资金扶持，企业和科研机构可以为园区提供先进的技术和解决方案。这种跨界合作模式能够加快数字化基础设施的建设，提高建设水平，为园区的快速发展提供支持。通过构建开放、共享的云平台和数据中心，园区能够为企业提供计算和数据存储服务，支持企业的云端运营和大数据分析，促进企业创新和业务发展。这种资源共享模式不仅能够降低企业的信息技术投资成本和运营成本，还能够提高资源使用效率和服务响应速度。开放、共享的平台也能为园区内外的信息流通和技术交流提供便利条件，有助于形成开放、互助、共同发展的园区生态。

合作与共享策略对推动园区数智化转型具有重要作用。通过多方合作，园区可以更快地建设完善的数字化基础设施，为园区智能化管理和服务提供技术支持。资源共享能够激发园区内外的创新活力，促进新技术、新模式的产生和应用。合作与共享策略最终会促进园区的数智化转型，提升园区的核心竞争力，促进园区可持续发展。

二、推动数据资源的整合与应用，加强数据管理

数据是数智化转型的核心。为了实现数据驱动的发展，科技产业园应构建统一的数据平台，以便于进行数据采集、安全存储、深入分析及广泛应用。此外，鼓励园区内企业进行数据共享与合作，有助于充分挖掘并发挥数据的价值。

（一）构建技术架构

构建技术架构是确保数据的高效采集、管理、分析与应用的基础。技术架构涵盖数据层、服务层、应用层和用户层。这一架构不仅能促进数据流动，提高数据利用效率，还能提升用户体验和业务操作的灵活性。通过这种分层的技术架构，园区能够实现对各类信息的有效管理和应用，推进数智化转型。

1. 数据层

数据层是整个技术架构的基础，主要支持园区内外各类数据的采集、存

储、管理和分析，为园区的决策和服务提供强有力的数据支持。数据层的建设涉及数据的全生命周期管理，涉及数据采集、清洗、存储、处理、分析和共享等关键环节。

数据层可通过先进的数据采集技术和工具，如物联网设备、在线交互平台等，实时收集园区的运营数据、企业数据、环境数据等多种数据。这些数据可为园区提供丰富的原始信息资源，是数据分析和决策的基础。

数据存储和管理也是数据层的重要功能。通过建立统一的数据管理平台，园区可以对收集到的大量数据进行安全、高效的存储和维护。数据存储和管理不仅包括数据的物理存储，还包括数据结构设计、数据质量控制、数据安全保障等，确保数据的完整性和可靠性。

数据层还需要具备强大的数据处理和分析能力，通过数据挖掘技术、机器学习技术等，从大量的数据中提取有价值的信息，支持园区的策略制订、运营优化和服务创新。数据分析结果能够帮助园区管理者和企业更好地了解市场需求、预测业务发展趋势、提升决策水平。

数据层还应支持数据共享，通过数据共享机制和标准，促进园区内部不同部门、不同企业以及园区与外部各方的数据流通和信息交流。这种数据共享不仅可以提升园区的运营效率，还能创造更多的合作创新机会。

2. 服务层

服务层不仅是数据层与应用层的桥梁，也是实现数据价值最大化、满足业务需求的关键。服务层主要根据园区及企业的具体业务需求，提供个性化、定制化的服务。服务层可对数据层提供的原始数据进行逻辑运算和业务逻辑处理等，生成有实际应用价值的信息和服务，通过高效的服务管理和灵活的业务逻辑处理，实现数据价值最大化，满足业务需求。服务层需要具备强大的服务管理能力和灵活的业务逻辑处理机制。一方面，服务层要能够高效响应不同业务场景的需求，如服务的注册、发现、调用、监控和维护等；另一方面，服务层需要具备处理复杂数据关系和业务规则的能力，以实现对数据的深度加工和价值转化。

在服务层的应用实践中，可以通过构建微服务架构、API 管理平台等，提高服务的灵活性和可扩展性。微服务架构允许系统以一系列小而独立的服务组合运行，每个服务围绕特定的业务需求构建，这样不仅可以快速响应业务变化，还能提高系统的可维护性和可靠性。API 管理平台可为用户提供一种标准化的接口调用方式，以统一的形式为用户提供不同的服务，增强不同服务的互操作性和数据的流通性。服务层还应用于园区的具体业务场景，如智慧物业管理、智能安防监控、能效管理等，通过定制化的服务支持这些应用场景的实现，以确保服务能够真正满足用户需求，提升园区的运营效率和服务水平。

3. 应用层

应用层可将数据和服务转化为实际业务成果。它面向最终用户，通过开发多种终端应用程序来满足不同用户群体的需求，实现产业链各方的高效协同和园区运营效率的提升。应用层的设计和实现，基于对用户需求的深入分析和了解。用户需求不仅包括园区管理者、入驻企业、服务提供商等园区内部用户的需求，还包括访客、合作伙伴等外部用户的需求。通过定制化的应用开发，应用层能够为不同用户提供个性化的服务和体验，如智慧招商、智慧物业管理、智慧能源管理、智慧安防监控等特定业务场景下的应用解决方案。

从技术方面来看，应用层通常采用模块化和微服务架构，支持快速迭代和灵活部署。同时，应用层采用前后端分离的开发模式，这能够提高开发效率，加快新功能的上线速度。应用层还具有跨平台兼容性，通过响应式设计和适配性编程，确保应用能够在不同设备和操作系统上稳定运行。在用户体验方面，应用层的设计注重界面的直观性和操作的便捷性。应用层用户友好的界面设计和顺畅的交互逻辑，可以大幅提升用户的满意度。应用层还集成了先进的数据可视化工具，将复杂的数据分析结果以图表、仪表盘等形式直观展现给用户，帮助用户快速理解数据、做出精准的决策。应用层设计也要考虑安全性因素。应用层需要采取有效的数据加密、身份认证、权限控制等安全措施，确保用户数据的安全，保护隐私，特别是在处理敏感信息和进行网络交易时。

4.用户层

用户层可细分园区内外的各类用户群体，根据他们的角色、需求及行为特征，制订和实施相应的权限策略，确保系统的安全性，为用户提供个性化服务。这不仅涉及数据访问权限控制，也涉及业务操作权限、应用功能访问等，旨在满足不同用户在权限、业务、数据和区域等多方面的细化需求。用户层的设计需要精细划分用户角色和权限等级。例如，园区管理者可能需要拥有系统的最高权限，可以访问所有数据，应用所有功能；入驻企业可能仅限于访问与其业务相关的数据和应用；访客和公众可能仅能访问园区的公开信息和部分服务。通过这样的权限控制，用户层不仅能够保障数据安全，也能为用户提供定制化的服务。

在实现用户层时，采用身份认证技术和访问控制技术至关重要，如采用基于角色的访问控制（role-based access control, RBAC）模型、基于属性的访问控制（attribute-based access control, ABAC）模型、多因素认证技术、单点登录（single sign on, SSO）技术等，旨在增强系统的安全性和操作便捷性。此外，用户行为分析模型和用户画像技术也可以用来细化服务和提升用户体验。用户层的用户界面（user interface, UI）和用户体验设计也很重要。用户层简洁、直观的界面设计和顺畅的交互逻辑，可以大大提高用户的满意度和使用频率。用户反馈机制也十分重要，可以帮助园区管理者及时了解用户需求和反馈、优化用户层的设计和服务。

（二）构建应用架构

构建应用架构，可以实现对数据的高效采集、深入分析和直观展示，满足园区管理者、企业和公众的不同需求。构建应用架构，需要综合考虑移动端、电脑端和大屏端，以满足园区内外各类用户的多样化需求。

第一，移动端应用的设计旨在提高数据采集的灵活性和便捷性。应用专门开发的移动应用程序（App），园区内的工作人员可以方便地在任何位置采集或录入数据，如现场监测数据、巡检记录数据、环境状况数据等。特别是在信号覆盖不佳的区域，移动端应用支持离线采集和缓存数据，一旦重新联网，便可自动上传数据，保证信息的实时性和完整性。移动端应用还具备即时通信、任务分派、紧急响应等功能，可提升园区的管理效率和对突发事件的响应速度。

第二，电脑端应用主要用于园区的管理后台系统，支持复杂的数据处理和分析。园区管理人员可以利用电脑端应用，对园区进行综合管理和监控。综合管理和监控涉及资源配置、设施维护、企业服务、安全监管等。电脑端应用通常具有强大的数据处理能力和复杂的业务逻辑处理功能，能够为园区管理者提供数据分析服务、决策支持服务和报告生成服务等。电脑端也是园区内部沟通、文件共享和员工协同工作的重要平台。

第三，大屏端应用主要用于数据可视化展示，将园区内的关键产业信息、运营数据、安全状况信息等通过大屏实时展现，便于园区管理者和访客快速了解园区的整体状况和重要动态。大屏端应用可以将复杂的数据通过图表、时间轴等形式直观展示，增强信息的可读性和影响力。大屏端应用不仅可以应用于园区的指挥中心，也可以在接待中心、会议室等公共区域展示园区的品牌形象和科技实力。

（三）加强数据管理与安全保障

随着数据量的激增和数据应用场景的多样化，构建数据管理系统和加强网络安全保障成为保证数据安全可控的关键。构建数据管理系统，需要确保数据采集、存储、分析、共享的安全和高效。一是数据采集要确保数据的真实性和准确性，采用先进的物联网技术和数据采集工具，实时监控和收集园区内的各类数据。二是数据存储需要考虑数据的长期保存和快速检索，采用可靠的云存储服务和数据库管理系统，实现数据安全存储和高效管理。三是在数据分析方面，园区应引入先进的大数据分析工具和算法，支持数据驱动的决策和业务优化。四是数据共享要建立在严格的权限管理和数据加密的基础上，确保数据安全，保护隐私。

网络安全是数据安全的一个重要方面。园区需要建立完善的网络安全体系，采取网络边界防护、内网安全隔离、数据传输加密、入侵检测和防病毒等措施。此外，园区还应定期进行网络安全漏洞扫描和渗透测试，及时发现和修复安全漏洞。对于数据中心和关键基础设施，园区需要进行物理安全控制，防止未授权访问和物理破坏。除常规的安全防护措施外，园区还需要建立应急响应机制，对网络攻击和数据泄露等安全事件做出快速反应。这包括建立应急响应团队、制订详细的应急预案、进行定期的应急演练等，确保在发生安全事件时能够迅速定位问题、切断攻击源、恢复系统正常运行，并对事件进行彻底调查，避免同类事件再次发生。

数据安全和网络安全不仅仅涉及技术，还涉及每一位员工的安全意识。因此，园区需要对员工进行定期的安全意识培训，如数据保护的重要性、安全操作规范、识别钓鱼邮件和恶意软件等方面的培训，提高员工的安全防范能力，构建人防、物防和技防相结合的全面安全防护体系。

三、推动智能化生产与管理

智能化生产与管理是实现园区高效运营和持续创新的关键。通过应用人工智能技术、自动化设备等，园区内的企业能够显著提升生产效率，提高产品质量。通过应用数字化管理系统，企业可实现对运营的精准控制和数据驱动的决策，提升市场竞争力。

（一）推进智能化生产

智能化生产不仅仅是生产方式的变革，也代表着生产过程中信息技术和制造技术的深度融合，是实现科技产业园高质量发展的关键。智能化生产依托人工智能技术、自动化设备和物联网技术等，旨在通过自动化和智能化手段，提高生产效率和产品质量，同时降低生产成本和错误率。人工智能算法在智能化生产中扮演着核心角色。通过应用人工智能技术，科技产业园可以实现生产流程的优化、对自动化设备的精准控制、对生产过程的实时监测、对设备的预测性维护。例如，人工智能算法能够根据实时生产数据调整生产参数，提高生产效率和产品质量，同时预测设备故障，让维修人员提前进行设备维护，减少生产中断时间。

机器人和自动化设备的广泛应用是智能化生产的一大特征。科技产业园引入高精度的机器人和自动化装配线，可以实现复杂组件的精确装配、重复性高强度工作的自动完成等，显著提高生产效率和产品一致性，同时降低人工成本。此外，机器人和自动化设备的灵活配置和快速调整，使得生产线能够迅速适应产品变更和市场需求变化。通过安装传感器和智能设备，科技产业园能够实现对生产环境、设备状态的实时监测和管理，收集和分析生产数据，及时调整生产计划和生产流程。物联网技术还支持远程监控，提高生产过程的透明度和可追溯性。

（二）构建数字化企业管理系统

构建数字化企业管理系统是提升管理效率和决策质量的重要途径，目的是通过数字化手段实现对企业运营全链条的实时监控和管理，推动智能化生产与管理的发展。数字化企业管理系统覆盖企业运营的各个方面，如财务管理、供应链管理、客户关系管理、人力资源管理等关键领域。数字化企业管理系统整合了企业内外的数据资源，可为企业提供全面、实时的业务分析结果和决策支持，帮助企业精准掌握市场动态、客户需求并优化资源配置。

在财务管理领域，园区进行数字化转型，可以通过自动化工具和智能分析，提高财务报告的准确性和时效性，同时，降低人为错误和欺诈风险。数字化财务管理系统能够实时追踪和分析企业的财务状况，支持合理的财务决策。

供应链管理的数字化转型旨在通过先进的数据分析技术和物联网技术，实现供应链的实时可视化和智能优化。通过实时监控供应链状态，企业可以及时响应市场变化，减少库存成本，提高供应链的灵活性和响应速度。

数字化的客户关系管理系统利用大数据技术和人工智能技术，深入分析客户行为和偏好，为企业提供个性化和高效的服务。通过建立全面的客户数据库、实施精准市场营销策略，企业可以提高客户满意度和忠诚度，提升市场竞争力。

数字化的人力资源管理系统具有自动化招聘、在线培训、智能考勤等功能，可提升人力资源管理的效率和效果。数字化的人力资源管理系统还能够支持员工的远程工作和协同工作，增强企业对人才的吸引力，提高员工满意度。

（三）构建数据驱动的决策支持系统

数据驱动的决策支持系统以数据为基础，通过深入分析和智能化处理数据，为企业提供决策依据，推动智能化生产与管理的实现。数据驱动的决策支持系统以大数据分析技术和人工智能技术为核心，可对企业内外部数据进行综合分析，揭示市场趋势、用户需求和生产流程中的关键因素，帮助企业制订精确的战略和运营计划。这种基于数据的决策方式，相较于传统的凭借直觉或经验的决策方式，能够显著提升决策的科学性和有效性。

在产品研发领域，数据驱动的决策支持系统可以帮助企业准确把握市场需求和技术发展趋势、优化产品设计。例如，通过分析用户行为数据和反馈信息，企业可以调整产品功能，提高用户满意度和市场竞争力。在市场营销方面，企业可以通过数据分析预测市场趋势，精准定位目标用户，设计个性化的营销策略，提高营销效率和投资回报率。数据驱动的决策支持系统还可以帮助企业在风险管理中做出精准的判断。通过对市场动态、供应链状况和财务数据的分析，企业可以及时发现风险，采取预防措施，减少损失。

四、积极推动产业创新与协同发展

（一）构建开放、共享的创新平台

开放、共享的创新平台不仅是技术交流和资源共享的平台，也是推动科技创新和产业升级的重要工具。通过构建这样一个开放的创新平台，科技产业园能够汇聚来自不同领域和不同行业的创新资源，形成具有强大发展动力和创新能力的产业集群。开放、共享的创新平台具有多重价值。首先，它能够打破传统的行业壁垒，促进不同行业、不同领域的交流与合作，激发创新思维和创新活力。其次，该平台可整合科研机构、高校以及企业的创新资源，能够加速科研成果的转化和应用，提高创新效率。最后，这一平台还能够吸引更多的投资和人才，为园区内企业提供更为丰富的创新服务，促进产业集聚和升级。

园区构建开放、共享的创新平台，需要考虑多种因素。一是开放性是创新平台的基本特征。创新平台能够对园区内外的各类创新主体开放，为创新主体提供便利的接入条件和共享机制。二是创新平台的共享机制要明确，确保资源和信息能够在平台上高效流通，促进知识共享和技术交流。三是平台还需要具备良好的服务功能，能够为创新活动提供必要的技术支持、资金支持和市场导向服务。为了推进开放、共享的创新平台建设，园区需要采取多项措施。第一，园区需要与政府、科研机构、高校以及企业建立密切合作关系，形成多方参与的合作模式。园区鼓励各方参与创新平台建设和创新活动。第二，园区需要利用信息技术，如云计算技术、大数据技术等，构建创新平台运营体系，确保平台的信息流通和资源共享。第三，园区还应当注重平台的持续创新和服务升级，通过定期评估和反馈机制，不断优化平台服务，满足企业和创新主体的需求。

（二）打造新的产业链和生态圈

新的产业链和生态圈的打造旨在通过构建一个开放、协同的创新生态系统，促进园区内外企业和机构的深度合作，推动科技进步和产业升级。为此，园区需要在多个方面采取积极的措施。

1.建立创新平台和孵化器

科技产业园通过建立创新平台和孵化器，为初创企业和创新项目提供必要的资源和服务，如资金投入服务、技术指导服务、市场拓展服务等。创新平台和孵化器不仅能够帮助初创企业加速成长，还能吸引更多的高科技企业入驻园区，形成创新集聚效应。同时，创新平台和孵化器是园区内外企业、科研机构交流、合作的重要平台，促进知识和技术的共享与转移。

2.促进产业链上下游企业的协同合作

科技产业园应当积极推动产业链上下游企业的协同合作，通过整合各方资源，打造紧密联结的产业链条。园区可以举办行业论坛、商务洽谈会等，为企业提供交流、合作的机会，激发产业链内部的合作潜力。此外，园区还可以利用数字化工具建立产业协作平台，实现产业链信息的实时共享，提升整个产业链的市场反应速度和创新能力。

3. 培育新兴产业

园区需要重点关注新兴产业和前沿技术的发展趋势，培育具有未来发展潜力的新兴产业，如人工智能、生物科技、新能源、新材料等领域的产业。园区可以为这些领域的企业和项目提供专业的服务和支持，加快技术成果的产业化进程。园区还应当加强与高校、科研机构的合作，推动科研成果的转化，为产业创新提供强有力的技术支持。

4. 构建生态圈式的合作模式

科技产业园为了促进产业创新与协同发展，需要构建以园区为核心的生态圈式的合作模式。在这一模式下，园区、企业、科研机构、政府等各方参与者通过密切合作，形成互利共赢的生态系统。园区通过优质的服务和环境，吸引企业和机构入驻；企业和机构通过合作创新，共同推动产业发展；政府通过政策支持和资源配置，营造良好的创新生态环境。这种生态圈式的合作模式，可以促进产业集聚和升级，推动园区的持续健康发展。

（三）搭建产业协作平台

产业协作平台的搭建不仅能够加强园区内企业的联系和合作，还能够促进园区与外部市场的互动，提升整个产业链的竞争力和创新能力。产业协作平台是共享信息和资源的平台，使得园区内的企业能够更加便捷地寻找合作伙伴，探索新的市场机会，共同应对行业挑战。产业协作平台的建立有助于减少信息不对称的情况，降低合作的成本，提升协作的效率和效果。此外，通过聚合园区内外的资源，产业协作平台还能够促进跨行业、跨领域的合作创新，促使新的业务模式产生。

产业协作平台通常具备资源共享、信息发布、供需匹配、在线交易、合作项目管理等功能。这些功能不仅涵盖了从原材料采购、生产制造到产品销售的整个产业链，还涉及合作研发、技术交流、人才培训等多个方面。通过产业协作平台，园区内的小微企业和初创企业能够享受到与大企业相同的资源和市场机会，这促进了企业的公平竞争和健康发展。

要搭建产业协作平台，首先，园区需要明确平台的定位和目标用户群体，设计符合用户需求的平台服务功能和操作流程。其次，园区需要采用先进的技术架构，确保平台的稳定性和安全性。最后，园区还需要构建有效的平台管理和服务体系，做好用户支持、数据维护、安全监管等，确保平台能够长期稳定运行。

五、加强人才培养与引进，强化员工数字能力培养

通过加强人才培养与引进，强化数字能力培养，园区能够建立起一支既懂技术又懂管理、具备创新思维的人才队伍。这不仅是园区数智化转型成功的关键，也是其长远发展的基石。

（一）园区与教育机构建立合作关系

在当前数字经济快速发展背景下，在科技产业园的数智化转型过程中，人才是核心的资源，人才培养和引进尤为重要。与教育机构建立密切合作关系，对于科技产业园而言，不仅是一种战略选择，也是培养和吸引数字化人才的有效途径。科技产业园与高校、科研机构合作，能够为园区直接引入新鲜血液，给即将毕业的学生带来新的知识和创新思维，为园区的科技创新和数智化转型注入活力。园区与高校共同开发专业课程和实训项目，不仅能够提升学生的实践能力，也为园区培养符合未来发展需求的专业人才打下坚实基础。

园区可以与教育机构共同研发与数字化相关的专业课程，这些课程涵盖数据分析、云计算、人工智能、物联网等领域。这些课程应紧密结合产业发展趋势和园区实际需求，通过理论与实践相结合的方式，为学生提供全面的数字技能培训。园区与教育机构合作，开展有针对性的实训项目，为学生提供在真实工作环境中学习和锻炼的机会。这些项目可以是园区内企业的实际项目，也可以是园区的数字化转型项目。通过参与这些项目，学生能够在实

践中丰富理论知识，提升职业技能。

园区与教育机构合作，拓宽人才引进渠道，如设立实习基地、制订联合培养计划、举办校园招聘会等，为园区直接吸引和选拔优秀毕业生提供便利。园区可以与教育机构共建研发平台或实验室，聚焦数字技术的研究和应用。这些平台和实验室不仅能够为园区内的企业提供技术支持，也能为学生和教师提供研究和实验的场所，促进科研成果的转化。

（二）设计和实施有针对性的培训项目

设计和实施有针对性的培训项目的核心目标是提升员工的数字技能，如数据分析、云计算、人工智能、物联网等方面的技能。这种培训项目涉及数字化管理和创新思维能力培养，不仅有助于员工技能的提升，还能显著提高企业的数字化运营能力，激发园区内企业的创新潜力。

园区实施这类培训项目时，应采用多样化的培训方式，确保满足不同层级员工的学习需求。例如，对于基础层次的员工，园区可以通过线上课程和工作坊等形式，为他们提供对数字技术的基础认识和操作技能的培训。对于高级管理人员和技术骨干，园区可以组织研讨会、行业交流、实地考察等，强化他们在数字化战略规划、项目管理以及技术创新等方面的能力。园区还应该鼓励企业建设持续学习和知识共享的文化，通过举办内部讲座、案例分享活动、技术沙龙等，促进知识和经验的交流，加快园区内部员工知识更新和技能提升的速度。同时，园区可以与外部专业培训机构合作，引入高质量的培训资源和课程体系，丰富培训内容，确保培训项目实施效果良好。

（三）引进外部高端人才

园区引进外部高端人才，不仅可以快速提升园区的科技创新能力和管理水平，还能促进园区内企业的技术进步和业务拓展。为了吸引和留住具有先进知识和经验的人才，园区需要从薪酬福利、工作环境和职业发展等多个维度入手，建立人才吸引和保留机制。

第一，为人才提供有竞争力的薪酬福利是吸引外部高端人才的基础。园区应根据市场调研和行业标准，设计具有吸引力的薪酬体系（包括基础薪资、绩效奖金、股权激励等），确保薪酬与人才的能力和贡献相匹配。此外，社会保险、健康保障、员工培训、休闲娱乐等方面的福利也是提高人才满意度和忠诚度的关键因素。

第二，营造良好的工作环境和文化氛围对吸引高端人才同样至关重要。这包括为员工提供高品质的办公空间、灵活的工作制度、开放和包容的企业文化等，为员工提供良好的工作环境。园区还应鼓励企业交流与合作，构建互助互惠、共同发展的园区生态，吸引更多优秀人才加入企业。

第三，为高端人才提供职业发展机会和自主创新空间。园区可以设立人才特区、创新工作室、研发中心等，为人才提供充足的科研资源、资金，激励他们在科技创新、企业管理等领域发挥专长，实现个人价值。此外，园区还应定期举办技术交流会、创新大赛等，为人才提供展示自我、学习、成长的机会，促进人才的职业发展和知识更新。

（四）建立持续学习机制

在科技产业园的数智化转型过程中，建立持续学习机制是确保人才不断进步的关键措施。随着技术的快速发展和市场需求的不断变化，一次性的培训或学习已无法满足园区和企业的发展需求。因此，园区管理者应采取有效措施，建立促进人才持续学习和成长的机制。

园区可建立数字化学习平台，为园区内的企业员工提供便捷、高效学习的渠道。数字化学习平台可以为员工提供多种在线课程和资源，覆盖数据分析、云计算、人工智能等多个领域，使员工能够根据自己的需求和兴趣选择学习内容、随时随地进行自我提升。数字化学习平台还可以根据员工的学习进度和效果，为员工提供个性化的学习建议和路径，提高员工学习的针对性和效率。园区还可以举办技术研讨会和工作坊，邀请行业专家、学者或资深从业者分享最新的技术发展信息、案例分析结果、经验、心得，激发员工的学习兴趣和创新思维，促进园区内部企业的知识交流和技术合作，营造良好的学习氛围，建设创新文化。

鼓励员工参加行业会议、展览和外部培训，是拓宽员工知识视野和促进员工专业成长的重要途径。这些活动不仅能够让员工了解行业最新动态和前沿技术，还能为员工提供与其他企业和专家交流的机会，促进员工学习和应用知识。园区还应建立激励机制，鼓励和奖励员工持续学习和提升技能。园区可以设立学习成就奖、技能竞赛奖、创新贡献奖等，不仅增强员工的学习动力，还促进园区内的知识共享和技术创新。

六、持续优化政策与服务环境

政府不仅是科技产业园数智化转型的推动者和引导者，也是参与者和服务者。为了确保园区数智化转型的顺利进行和园区持续发展，政府需要持续优化政策和服务环境，为园区提供强有力的支持。政府可制定和调整政策，为园区提供高效、便捷的政务服务，营造积极创新的氛围。

政府需要制定有针对性的政策，为科技产业园的数智化转型提供政策支持。政府可为园区提供财政补贴、税收减免、资金支持等，以降低园区转型成本和风险。政府还应鼓励和引导投资机构投资数智化项目，推动园区的快速发展。除此之外，政府还需要出台相关政策，促进人才流动和知识共享，为园区提供充足的人才资源和技术支持。政府的政务服务对园区的数智化转型至关重要。政府应通过数字化政务平台，为园区提供一站式的政务服务，简化行政审批流程，提高服务效率。数字化政务平台不仅能够节省企业和个人的时间，还能提高政务透明度，提高企业的满意度。

营造良好的创新氛围也是政府持续优化政策与服务环境的一个重要方面。政府可举办科技创新大赛、科技论坛、创新工作坊等，激发园区内企业和个人的创新热情，促进科研成果交流和转化。政府还应加强与国内外科研机构、高等院校的合作，引入先进的技术和理念，提高园区的创新能力和竞争力。政府还需要关注园区数智化转型过程中可能出现的问题，如就业变化、数据安全、隐私保护等，完善相关法律法规，健全社会保障机制，确保园区数智化转型有序进行。

第三节　科技产业园数智化转型升级的多重保障机制

一、组织和管理机制

（一）建立数智化转型领导小组

在科技产业园数智化转型升级中，建立一个专门的数智化转型领导小组是推动转型进程的重要保障。这个领导小组不仅是转型工作的决策中心，也是协调和推进转型任务执行的组织。为确保园区数智化转型顺利进行，园区建立数智化转型领导小组要遵循一系列原则，确保该小组能够履行职责，推动园区的快速发展。数智化转型领导小组应由园区的高级管理人员和具有专业知识的技术人员组成。高级管理人员的参与确保了转型工作能够获得足够的重视和资源支持。专业技术人员能够为转型工作提供专业的意见和建议。此外，数智化转型领导小组可以邀请外部的专家和顾问参与工作，以引入新的视角和经验，解决转型过程中的技术难题和管理难题。

数智化转型领导小组主要从以下几个方面保障园区数智化转型升级：

一是统筹规划。数智化转型领导小组需要对园区的数智化转型进行全面规划，明确转型的目标、步骤和时间表，确保转型工作有序进行。

二是资源配置。数智化转型领导小组负责为转型工作配置所需的资源，如资金、人力和技术资源，确保转型任务顺利执行。

三是风险管理。数智化转型领导小组需要识别和评估转型过程中的风险，采取风险应对措施，降低转型失败的风险。

四是协调、沟通。数智化转型领导小组要协调园区内外的各方力量，加强与政府、企业、科研机构等的沟通和合作，推动转型工作顺利进行。

五是监督工作。数智化转型领导小组需要对转型工作开展情况进行监督，及时调整转型策略和措施，确保转型目标的实现。

为了确保数智化转型领导小组能够高效工作，园区需要建立完善的小组运作机制，如定期召开会议、设计决策流程、设立专项工作组等。定期会议可以帮助数智化转型领导小组成员及时了解转型进展和存在的问题，决策流程可确保领导小组能够迅速做出决策，专项工作组负责执行具体的转型任务。

（二）制定数智化转型管理规章制度

在科技产业园数智化转型过程中，制定和实施一套完善的管理规章制度是确保转型工作有序、高效开展的重要措施。这些规章制度应当涵盖数智化转型的各个方面，如项目管理、数据安全、技术应用、人员培训等，为园区的数智化转型提供明确的指导和规范。

园区需要明确数智化转型的目标和路径，制定具体、可执行的制度和操作标准，例如，制定信息安全管理制度、技术选型标准、数据采集和处理规范等。通过制定这些制度、标准和规范，园区可以确保技术应用的一致性和安全性，避免数据泄露和技术滥用的风险。园区应当构建完整的责任和权限体系，明确各部门、各团队和每个员工在数智化转型中的职责和权限。园区还要制订详细的工作流程，建立工作审核机制，确保每一个数智化转型项目都能够在清晰的责任体系下高效推进。

园区还应当加强对数智化转型管理规章制度的宣传，加强员工培训，确保园区所有成员都能够理解和遵守这些制度。通过定期的员工培训和考核，园区可以增强员工的数字化意识和能力，推动数智化转型的深入实施。

园区还需要定期对现有的数智化转型管理规章制度进行审查和更新，以适应数智化转型过程中不断变化的需求，灵活应对挑战。通过建立规章制度动态调整机制，园区可以确保数智化转型管理规章制度始终符合园区实际情况，支持数智化转型的持续推进。

（三）坚持融合发展理念，健全运营管理机制

科技产业园坚持融合发展理念，健全运营管理机制，可以实现产业发展与城市建设的深度融合，打造既具有产业发展活力，又宜居宜业的现代化园区，为城市的可持续发展提供新动力和新模式。园区需要明确产业发展与城市建设相融合的思路，使园区的物理空间规划与城市环境相协调，使园区的功能定位、资源配置、服务等与城市的发展目标和需求相匹配。这种融合的思路有助于园区在吸引企业、人才入驻的同时能够提升城市的竞争力和居民的生活品质。

园区的规划和建设应从自成一体向区域协同转变。园区不是孤立的，而要与周边的城市区域甚至更广泛的区域经济环境联结和互动。通过建立区域协同的管理和运营机制，园区可以更好地利用外部资源，实现产业链的延伸和优化，也能够为城市和区域的社会、经济发展做出贡献。园区在规划数智化转型升级时，应站在全局的角度考虑问题，不仅要关注园区内部的技术更新和产业发展，也要关注园区对外部环境的影响和作用。园区管理者需要考虑园区的生态建设、基础设施建设、服务提供等，确保园区的发展既能够满足企业和居民的需求，又能够与城市的整体规划和发展目标相协调。园区建立健全运营管理机制，还需要政府、企业、社区等的参与。通过构建开放、共享、协同的管理平台，园区可以汇聚各方资源和智慧，推动园区的数智化转型和城市的智慧化建设。

二、合作与协同机制

有效的合作与协同机制不仅涉及园区内企业的互动，也涉及园区与外部机构、政府部门的合作。通过打造开放、共享的平台，园区可以实现不同资源的高效整合和优势互补，加快数智化转型的步伐，提升转型的效果和影响力。

要建立合作与协同机制，园区管理层需要积极规划。园区管理者应整合园区内外的资源，建立合作平台或资源共享中心，促进信息、技术、人才和资金等资源的流动和共享。这种平台不仅能够为园区内部企业提供资源支

持，也能吸引外部企业和机构参与园区数智化转型、共同探索新的业务模式和创新路径。

园区实施合作与协同机制，应遵循双赢的原则，重视各方的利益和需求。园区应通过合作协议、战略联盟等，明确合作目标、权益分配、责任和义务等关键事项，使各方在合作过程中的利益得到保障。园区还需要建立有效的沟通和反馈机制，确保合作过程的透明性和可持续性，及时调整和优化合作策略。

园区还要推动跨界合作。在数字化时代，创新往往源自不同领域和行业的交叉融合。科技产业园应鼓励园区内外企业跨界合作、探索应用新的技术和商业模式。这样，园区不仅能够拓展园区的产业链，也能够促进园区创新能力的提升和产业结构的优化。

政府部门的支持和参与对合作与协同机制的成功实施至关重要。政府可以通过制定优惠政策、提供资金支持、优化服务流程等方式，为园区企业的合作与协同创造良好的外部环境。政府还可以促进园区与国内外的科研机构、高校、行业组织等建立广泛的合作网络，推动园区的数智化转型和产业升级。

三、绩效评估和监控机制

在科技产业园数智化转型的过程中，有效的绩效评估和监控机制是确保转型成功的关键。这一机制能够为园区管理者提供关于转型进展、成效和存在的问题的客观数据和数据分析结果，指导转型工作持续改进，支持决策。

园区建立绩效评估和监控机制，应基于明确、量化的目标。园区在数智化转型之初，就应明确转型的具体目标和预期成果，如提高运营效率、增强服务能力、促进产业升级、提升园区竞争力等。基于这些目标，园区可制定具体的评估指标和标准，如业务流程自动化程度、服务响应时间、企业满意度、创新产出等，为后续的评估和监控提供依据。园区应采用多元化的评估方法和工具。除传统的数据分析和报告制作外，园区还可以引入第三方评估、用户反馈收集、比较分析等方法，从不同角度全面评价转型的效果。同时，园区可利用信息技术，如大数据分析技术、云计算技术等，实现对大量实时数据的快速处理和分析，提高评估的效率和准确性。

园区还应动态调整和优化绩效评估和监控机制。数智化转型是一个持续的过程，园区的外部环境和内部条件都可能发生变化。园区需要定期对评估指标和方法进行复审和调整，确保绩效评估和监控机制能够反映最新的转型需求和目标。

园区还要注重绩效评估结果的应用和反馈。绩效评估结果应传达给园区管理层、相关企业和政府部门，以便各方共同参与转型策略优化和决策。根据评估结果，园区管理者应及时调整转型策略和措施，解决在转型过程中遇到的问题，提升转型工作的效果。园区也应建立评估结果反馈机制，收集各方的意见和建议，完善转型策略，增强园区的市场适应性和创新能力。

第四节 科技产业园数智化转型升级过程中的风险控制

一、管理与服务维度

（一）管理风险控制

在科技产业园的数智化转型过程中，园区和企业面临一些管理风险，如管理体系调整不到位、人员培训不足、组织文化适应性差等问题。为了控制这些管理风险，园区需要采取一系列的措施，如管理创新、能力建设、风险评估与预防等。

管理创新是应对数智化转型中管理风险的重要手段。园区管理者和企业应积极探索适合数智化环境的新型管理模式和方法，如平台化管理、灵活的组织结构、优化的决策流程等，以提高管理的效率和灵活性。同时，园区可引入数字化管理工具和系统，提升管理的精准度和响应速度，减小管理误差，减少管理延迟时间。

能力建设也是管理风险控制的关键环节。园区和企业需要对管理层和员工进行系统的数智化技能培训，如数字技术应用、数据分析、在线协作等方面的培训，以确保团队能够顺利适应数智化转型的需求。此外，园区还应加强对管理人员的领导力和创新能力的培养，提升管理人员在数智化转型中的引领能力。

风险评估与预防是管理风险控制的前提。园区和企业应定期进行数智化转型风险评估，识别管理风险点，如组织结构调整的难点、人员技能的问题等，建立风险预警机制，制订应急响应计划，提前做好风险应对准备。

加强组织文化建设也是管理风险控制的重要方面。园区和企业应倡导开放、创新、协作共赢的组织文化，鼓励员工积极参与数智化转型，营造全员创新、敢于尝试的良好氛围。园区和企业通过强化组织内部的沟通和交流，可以增强团队的凝聚力和对数智化转型的适应性，减轻管理变革带来的冲击。

（二）服务质量评估

通过对服务质量的系统性评估，园区及企业不仅可以了解数智化转型的成效，还可以基于评估结果进行持续的服务优化和创新，提升竞争力和客户满意度。服务质量评估主要关注以下几个方面：

第一，服务响应速度。在园区数智化转型后，服务响应速度是衡量园区数智化转型效果的重要指标之一。通过应用数字化工具和平台，园区及入驻企业对客户需求的响应速度，如在线咨询、故障处理、订单处理等各个环节的响应速度，是评估服务质量的重要指标。

第二，服务便利性。数智化转型应提升服务的便利性。服务便利性涉及服务的可访问性、操作的简便性以及服务渠道的多样性等。通过数智化转型，园区能够为企业和员工提供更为便捷的服务，如建立自助服务平台、开发移动应用等，也是服务质量评估的重要内容。

第三，个性化服务。园区应用数字技术，能够进行客户数据分析，了解客户需求，为客户提供个性化服务。评估服务质量时，应考察园区及企业是否能够根据客户的特定需求，为客户提供定制化的解决方案，使客户在接受服务过程中获得个性化体验。

第四，服务质量的持续提升。服务质量评估不应仅仅停留在数智化转型初期的成效测评上，还应关注服务质量的持续提升。园区及企业是否建立了服务质量持续监控和评估机制，是否根据评估结果进行了服务优化和创新，也是服务质量评估的重要方面。

第五，客户满意度和忠诚度。服务质量的提升应最终反映在客户满意度和忠诚度的提高上。通过问卷调查、客户反馈、在线评价等方式收集客户意见，可以衡量服务质量提升的实际效果。

进行服务质量评估时，应采用科学的方法，如问卷调查、数据分析、客户访谈等方法。此外，评估过程应涉及各利益相关者，如服务提供者、客户、合作伙伴等，以确保评估结果的全面性和客观性。

二、技术与网络安全维度

（一）技术风险控制

技术风险主要源于新技术的应用和推广，包括技术的不成熟、技术应用的可行性以及技术选型的适宜性等方面的风险。针对这些风险，园区需要建立全面的技术风险控制机制，以确保数智化转型的成功实施。技术评估是技术风险控制的前提。园区应对拟引入的每种新技术进行全面评估，比如，对新技术的成熟度、稳定性、安全性以及新技术与园区现有技术体系的兼容性等进行评估。技术评估还应包括对技术供应商的实力和服务能力的评估，以确保所选技术能够得到技术支持和后续更新。技术选型是基于评估结果进行的。园区选择适合园区实际需求和未来发展战略的技术产品和解决方案，可避免因追求技术的先进性而忽视技术实际应用的效果和风险。园区进行技术选型时，应优先考虑那些已经在相似场景中成功应用、具有良好案例和反馈的技术。

针对识别出的技术风险，园区应采取具体的预防和应对措施，如建立技术试点测试机制，在技术全面推广应用前进行小规模的试点测试，及时发现并解决技术问题。同时，园区应建立技术更新和迭代机制，确保园区的技术应用能够跟随技术发展的步伐，及时进行技术升级和优化。为了降低技术风险，园区还需要加强对管理人员和技术团队的培训，提升他们对新技术的理解能力和应用能力。园区应与技术供应商建立合作关系，确保在遇到技术问题时能够快速获得专业的技术支持和解决方案。园区还应建立技术监控和评估机制，定期对技术应用的效果、风险以及技术发展趋势进行评估和分析。通过持续的技术监控和评估，园区可以及时发现新的技术风险，灵活调整技术策略和技术应用方案，保证数智化转型的持续性和安全性。

（二）网络安全风险控制

数智化转型不仅使信息系统变得更加复杂，也使网络攻击和数据泄露风险增大。园区必须采取全面的措施，加强网络安全和数据隐私保护，以确保数智化转型的安全性和可靠性。园区需要制订全面的网络安全策略。网络安全策略涵盖网络访问控制、数据加密、入侵检测、病毒防护等各个方面。这些策略应基于园区的具体需求和网络安全风险，采用层次化、多重防御的安全架构，全方位保护网络和数据。数据隐私保护是网络安全的重要组成部分。园区需要确保所有敏感数据（包括个人信息、商业秘密和财务数据等）都得到严格保护。园区可实施数据分类和访问控制策略，对敏感数据进行加密处理，建立数据泄露应急响应机制，确保在数据泄露发生时能够迅速采取措施，减少损失。

网络安全问题不仅是技术问题，也是人的问题。因此，园区加强对员工的网络安全培训是非常必要的。园区通过定期进行网络安全培训和演练，可以提高员工对网络安全威胁的认识，使他们养成正确的操作习惯、采取网络安全防护措施，防范网络攻击和数据泄露。园区还需要定期进行网络安全审计和风险评估，及时发现和解决安全漏洞问题。例如，园区要对网络系统、应用程序、数据库等进行全面的安全检查，对网络安全策略和措施的有效性进行评估。通过定期的网络安全审计和风险评估，园区可以不断优化网络安全架构，提高对新的网络威胁的防御能力。园区还应与政府机构、安全公司和其他园区建立合作关系，共享网络安全信息和资源。通过这样的合作，园区可以更好地了解最新的网络安全威胁及其防御技术，提升网络安全水平。

三、生态环境维度

在科技产业园数智化转型的过程中，环境影响评估是一个需要关注的重要因素，直接关系到园区可持续发展和履行社会责任。随着全球对环境保护和可持续发展越来越重视，园区在推进数智化转型时，必须全面考虑园区数智化转型对环境的影响，如园区能源消耗、碳排放、资源利用等对环境的影响。环境影响评估应涵盖数智化转型过程中所有可能对环境产生影响的因素。在环境影响评估过程中，园区需要采用科学的方法和标准，确保评估结果的准确性和可靠性。

在明确了数智化转型可能对环境产生的影响后，园区需要制订环境友好的数智化转型策略。例如，优化能源使用，如采用绿色能源、提高能源利用效率、应用智能能源管理系统等；减少碳排放，如采用低碳技术、优化物流和供应链管理等；提高资源利用效率，如采用循环经济模式、鼓励资源共享和再利用等。数字技术也可以成为促进环保的强大工具。例如，利用大数据分析技术，可以准确地预测能源需求，避免能源浪费；利用人工智能技术，可以优化生产流程，减少原材料消耗和废弃物产生；利用物联网技术，可以实现对设备的实时监控和维护，提高能源利用率，减少故障导致的环境污染。

除采用技术和管理措施外，园区还应组织环保培训，宣传环保政策和标准，增强园区内所有人员的环保意识，鼓励园区内企业采用绿色生产和经营方式，努力实现园区的绿色、可持续发展。园区需要建立环境监测和改善机制。通过持续进行环境监测、定期进行环境影响评估，园区可以及时了解数智化转型对环境的实际影响，根据环境监测结果不断调整和优化转型策略，确保环境保护目标的实现。

第五章 总结与展望

第一节 总结

在科技产业园数智化转型升级过程中，科技产业园应该重视建设数字基础设施与平台、推动智能化生产与管理、促进企业创新与合作、优化服务等重点任务。同时，园区需要进行风险评估和控制，确保数智化转型的良好效果和安全性。园区数智化转型升级的过程不仅仅是技术革新的过程，更是管理理念、产业模式以及服务方式创新的过程。园区通过引入先进的数字化、智能化技术，使运营效率显著提高，使产业结构得以优化，使服务质量和园区竞争力均得到显著提升。这些成就背后是园区对技术的不懈追求、对人才缺口的填补以及对数据安全与隐私保护的重视。数智化转型之路并非一帆风顺，园区面临技术应用的复杂性、人才培养与技能提升的紧迫性、数据安全与隐私保护的挑战。园区应总结数智化转型经验，寻找解决方案，应对挑战，向更高水平的数智化转型升级发展。

一、科技产业园数智化转型升级的经验总结

（一）技术方面的经验总结

科技产业园在数智化转型升级过程中应注意技术集成与兼容性、数据安全与隐私保护等技术方面的问题。要解决这些技术问题，园区管理者不仅需要采用先进的技术手段，也需要具备前瞻性规划视角和全局性管理策略。通过持续进行技术创新和制度建设，科技产业园能够为数智化转型打下坚实的基础，进而推动园区的长期发展和竞争力提升。

科技产业园在数智化转型的过程中，面临的首要技术挑战是实现新旧技术系统的无缝集成与兼容。这一挑战源于园区内部多样化的技术应用环境和不断发展的技术标准。技术集成与兼容不仅涉及硬件设备的物理层面，也涉及软件系统、数据格式、通信协议等的协调和统一。要应对这一挑战，园区管理者和技术团队需要采用系统化的技术评估和规划策略，选择开放性好、标准化程度高的技术方案，同时，加强技术团队之间的协作，确保技术集成的高效性和系统的稳定性。

随着大数据技术、云计算技术、物联网技术等在科技产业园的广泛应用，数据安全与隐私保护成为园区数智化转型中的一项重大挑战。园区内的数据流通量巨大，这些数据涉及企业商业秘密、个人隐私信息等敏感信息，任何数据泄露事件都可能导致严重的法律后果和信誉损失。因此，构建数据安全管理体系、建立健全隐私保护机制是园区数智化转型中不可忽视的任务。为了完成这些任务，园区可采用先进的加密技术，设置多层次的数据访问权限，实施严格的数据审计和监控程序，等等。园区还需要遵循相关法律法规，制定全面的数据安全和隐私保护制度，提升企业和员工对数据安全的认识。

（二）技术应用方案和转型策略的持续优化

在科技产业园数智化转型升级的过程中，园区需要持续优化技术应用方案和转型策略。这体现了动态、持续改进的发展理念，旨在通过不断学习新

技术、新方法、新模式，不断评估、调整转型的方案和策略，适应技术进步和市场变化，最终实现园区持续发展和竞争力提升。园区需要建立有效的评估和反馈机制，定期收集数智化转型的相关数据和用户反馈信息，对数智化转型的进展和效果进行全面评估，如评估技术应用的效果，以及转型策略对企业运营、员工工作方式和园区生态环境的影响。基于评估结果，园区需要及时调整技术应用方案和转型策略，以解决在转型过程中遇到的问题，弥补不足之处。为此，园区管理者和技术团队应持续学习，了解新技术。另外，园区还应重视用户参与，鼓励园区内的用户积极参与园区数智化转型过程、共同探索创新。通过建立开放的创新平台和沟通渠道，园区可以更好地了解用户需求，促进技术和服务的创新、升级。

通过持续优化技术应用方案和转型策略，科技产业园能够在转型过程中快速发现并解决问题，避免资源浪费，提高转型的效率。面对快速变化的市场和技术，园区持续优化技术应用方案和转型策略，能够增强对市场的适应性，增强灵活性，及时把握新机遇，应对新挑战。园区还应鼓励园区内部的企业交流、协作创新，建设积极向上、勇于探索的创新文化，为园区的长期发展提供持续的动力。

（三）数智化转型的规划与策略调整

在科技产业园数智化转型升级的过程中，数智化转型的规划与策略调整有利于转型成功和园区持续发展。面对快速变化的市场环境和技术进步，园区管理者应具备前瞻性的规划视角和灵活调整策略的能力，以确保园区的数智化转型能够持续推进并适应未来的发展需求。

科技产业园数智化转型要基于前瞻性的规划。园区管理者需要站在未来的角度，考虑技术发展趋势、市场需求变化、政策调整等因素，制订能够适应未来变化的数智化转型规划。这种规划不仅涵盖技术的应用和更新，也包括产业布局的调整、人才培养和引进策略、合作机制与创新机制的建立等，确保园区能够在未来的竞争中保持优势。

科技产业园数智化转型是一个持续的过程。在这个过程中，园区可能会遇到各种预期之外的挑战和问题，如技术更新换代、企业需求变化、市场竞争加剧等。这就要求园区管理者必须具备灵活调整策略的能力，能够根据园区实际情况和外部环境的变化，及时调整数智化转型的计划和策略，以保证转型工作的有效性和转型目标的实现。在数智化转型过程中，园区需要建立灵活应对机制，快速响应外部环境的变化。园区不仅要在策略调整上保持灵活性，还要能够迅速调整资源配置、项目实施等，确保数智化转型项目能够顺利推进。园区灵活调整策略，能够在面临不确定性因素时，减少损失，抓住机遇。

园区可定期分析市场需求和技术发展趋势，为规划和策略调整提供数据支持。园区应建立一个灵活的管理框架，以便快速响应外部环境的变化和内部需求的变化。园区还应加强对数字化人才的培养和引进，提升园区和企业的数字化转型能力。园区可与技术供应商、研究机构、高等院校等建立密切合作关系，共同推动园区的数智化转型和产业创新发展。

（四）构建完善的市场化、专业化服务体系

在科技产业园的数智化转型升级过程中，构建一个完善的市场化、专业化服务体系，是推动园区内企业持续创新和增强竞争力的关键因素。这种服务体系能够为园区内的企业提供全面、高效、个性化的服务，帮助企业解决在发展过程中遇到的各种问题，也为园区的发展提供强有力的支持。

科技产业园在构建市场化、专业化服务体系时，应从企业需求出发，设计和实施一系列有针对性的服务项目。园区可将多项相关的服务整合，实现一站式服务，简化企业办事流程，提高服务效率；可鼓励和吸引会计师事务所、法律咨询公司、人力资源公司等专业服务机构入驻园区，为园区内企业提供专业化服务。园区应为园区内的人员提供完善的基础设施，营造宜居宜业的环境。园区还应建设具有科技感和未来感的开放空间，促进企业之间、企业与科研机构之间的信息交流和知识共享。

在应用数字技术的基础上，科技产业园引入市场化的科技中介机构和专业服务机构，可以为企业提供财务管理、人力资源管理、法律咨询、知识产

权保护、技术转移和市场研究等方面的服务。这些市场化和专业化的服务，不仅能够帮助企业降低运营成本、提升管理效率，还能够加快企业创新，促进企业成长和产业升级。

在园区数智化转型的背景下，服务理念也需要相应地改变。园区的服务应从传统的"窗口式"服务向"无柜台"的面对面交流服务转变，从"我给您办事"向"我为您办事"转变。服务理念、服务方式的改变可以提升园区的服务质量和服务效率，提高企业的满意度。完善的市场化、专业化服务体系还能够促进园区内外企业的合作，推动科技创新。利用服务体系，园区能够打造开放的、有利于企业协作和创新的产业生态，吸引更多的企业和人才入驻园区，推动园区的持续发展和产业升级。

二、数智化转型对园区发展的长远影响

（一）企业生态系统与创新环境变化

数智化转型包括多个维度的升级，尤为重要的是园区内企业生态系统和创新文化的变化。园区进行数智化转型，引入先进的信息技术和管理理念，促进企业的协作和资源共享，重塑园区内的企业生态系统。在园区中，企业不是孤立的个体，而成为相互连接、协同发展的网络节点。通过数据共享、技术合作和资源互补，企业能够更有效地响应市场变化，加快创新，提高竞争力。此外，园区数智化转型还能促进跨行业合作，催生新的业务模式和产业形态，为园区内企业提供更广阔的发展空间。

科技产业园的数智化转型为园区内的创新活动提供了更加丰富的支持。园区具有数字化的创新平台、研发工具和协作系统，能够吸引科研机构、高新技术企业和创业团队入驻，形成创新生态系统。数智化转型还促进了知识的快速流动和技术的迅速转化，缩短研发周期，提高创新效率。此外，通过应用大数据分析技术、人工智能技术等，企业能够了解市场趋势，精准定位创新方向，增强创新的针对性和有效性。数智化转型不仅改变了园区的物理环境和技术条件，也促进了创新文化的培育。在数智化环境下，企业更加重

视知识的积累和人才的培养，鼓励开放思维和创新尝试。数字技术的普及和应用降低了创新的门槛，使得更多的个体和团队能够参与创新活动。园区数智化转型也能够加强了园区内外部的交流与合作，营造更加开放和包容的创新氛围，激发企业和个人的创新潜能。

（二）社会责任的履行与可持续发展目标的实现

在当今全球经济快速发展的背景下，科技产业园的数智化转型升级不仅体现了技术创新的力量，也推动了区域经济发展、企业社会责任履行和可持续发展目标的实现。园区进行数智化转型，优化产业结构，创新服务模式，提高资源利用效率，为区域经济的持续健康发展提供了有力支持。园区通过引入高新技术，进行智能化管理，能够吸引大量的高科技企业和人才集聚，形成产业集聚效应。这不仅能增强区域经济活力，还能提升产业的附加值，推动区域经济结构的优化。同时，园区内企业的创新活动和科研成果转化，能够给区域经济带来新的增长点，促进经济发展。

科技产业园在数智化转型过程中，还应积极承担起社会责任。通过智慧环保项目、智能交通项目等项目的实施，园区能够减少能源消耗和碳排放，促进环境的可持续发展。此外，园区还提供创业支持服务，促进就业，参与社区建设，积极参与社会公益事业，为社会的和谐、稳定做出贡献。

科技产业园的数智化转型还关联着可持续发展目标的实现。通过构建绿色、智能的园区管理体系，园区不仅能够实现经济效益和环境保护的双赢，还能够为园区内的人员提供健康、便捷、安全的生活环境和工作环境。此外，园区通过实施培训项目，还能够提高人才的科技素养和创新能力，为实现可持续发展目标贡献力量。

第二节 展望

随着技术的不断进步和技术应用场景的日益丰富，园区的数智化转型将进入一个新的、更为复杂的阶段。未来，随着人工智能技术、大数据技术、物联网技术等的深入融合和创新应用，科技产业园的数智化转型将面临更多前所未有的机遇与挑战。对科技产业园未来发展趋势进行深入分析，对园区数智化转型进行精心规划，可为科技产业园提供清晰的发展蓝图。在新一轮科技革命中，科技产业园必须把握机遇，积极适应和引领变革，以实现更高水平的数智化转型和可持续发展。

一、面向未来的数智化发展蓝图

（一）长期发展规划展望

科技产业园的数智化转型是一个持续的过程。在面向未来的数智化发展蓝图中，科技产业园的长期发展规划可划分为三个阶段。在每个阶段，园区在数智化转型过程中都有不同的焦点和成就。每一阶段都为园区的可持续发展和竞争力提升奠定了基础。从基础设施的智能化到数据共享与云化管理，再到商业模式与发展模式的创新，每一步都体现了园区对未来发展的前瞻性规划和战略性投资。随着数智化转型深入推进，园区将不断提升创新能力、服务水平，成为推动区域经济乃至国家经济发展的重要力量。

1.园区数智化转型升级第一阶段

园区数智化转型第一阶段的核心特征是通过建设先进的数智化基础设施，促进园区内各种要素的联结和互动，为园区的全面数智化转型奠定坚实的基础。在这一阶段，园区不仅要进行物理基础设施的智能化改造，也要对园区管理和服务进行数字化升级，构建创新生态系统。相比于传统园区，新一代数智化园区更加强调智能化基础设施建设，运用数字化、智能化技术对园区进行改造，使基础设施从纯粹的物理空间扩展到数字空间。例如，数智化园区构建了智能交通系统，该系统能够指导园区内部和周边的车辆流动，减少拥堵，提高交通效率。数智化园区的智能能源管理系统，可实时监控和分析能源使用情况，优化能源分配，降低能耗；智能水利系统可保证园区水资源的高效利用和可持续管理。园区基础设施的智能化改造，能够提升园区的运营效率，提高园区内人员的居住环境、工作环境的质量。

新一代基础设施建设还涉及信息通信技术的广泛应用，如宽带网络的普及、5G 的应用、云计算平台的建设等。信息通信技术的应用大幅提升了园区内信息传输速度和信息处理能力，为园区内企业提供了数据支持和服务平台，促进了企业之间以及企业与政府、研究机构之间的信息共享和协同工作。

在数智化转型的第一阶段，科技产业园通过建设新一代基础设施，不仅为园区内的企业和居民提供了便捷、智能的生活环境和工作环境，也为园区的进一步发展和升级打下了坚实的基础。这一阶段数智化转型的成功，对于提升园区的竞争力和吸引力，促进园区内企业的创新和发展，推动园区与城市、区域乃至全球的互联互通和协同发展，具有重要意义。

2. 园区数智化转型升级第二阶段

在科技产业园数智化转型升级第二阶段，园区从基础设施智能化升级向更深层次的管理和服务模式革新迈进。这一阶段的核心目标是通过实现数据的全面共享与集成，打破信息孤岛，在提升管理效率和服务质量方面取得显著成效。云化管理的广泛实施，尤其是招商与营销云、产业服务云、公众服务云和园区运维管理云等的建立，成为这一阶段的显著特征，标志着园区数智化管理向全面云端化迈出了坚实的一步。

云化管理带来的直接好处之一是数据集成处理能力显著提升。园区将数据资源汇聚至统一的平台，实现了对数据的高效管理和智能分析，可以为园区管理者提供决策支持，也可以为企业和公众提供个性化、高效的服务。例如，招商与营销云能够基于大数据分析，为园区获取投资和商机提供科学指导；产业服务云可对产业链数据进行深入挖掘，为企业提供定制化的发展建议和服务；公众服务云和园区运维管理云分别为公众和园区运维提供了服务解决方案。

云化管理还促进了园区内部以及园区与外界的信息流通和资源共享。利用云平台，园区内的企业不仅能够实时获取市场动态信息、科研成果信息、资金信息等关键信息，还能与外部的合作伙伴、供应商和客户沟通。值得一提的是，云化管理的推广还带来了管理模式和服务方式的根本性变革。传统的线下管理和服务模式被更加灵活、高效的基于线上平台的管理和服务替代，这不仅减少了管理成本和时间，也提升了服务的及时性和准确性。同时，基于云平台的数据分析技术和人工智能技术的应用，还能够实现对园区发展趋势的预测和对企业需求的主动响应，提升园区的智能化管理水平。

3. 园区数智化转型升级第三阶段

数智化转型的第三阶段，对科技产业园而言，不仅是技术革新的延续，也是产业生态和商业模式创新的重要阶段。这一阶段的核心是虚拟与现实的融合，将线上的数字技术与线下的实体园区有机结合，通过这种融合构建基于数字技术的产业集群。这种新型的经济发展模式，不仅为园区内企业提供了更加广阔的发展平台，还促进了不同产业的深度融合与创新，也给园区带来了更多元化的经济增长点和更广阔的发展空间，使得园区能够在未来的数字经济时代占据有利的竞争地位。

虚拟与现实融合，打破了传统的物理空间限制，利用数字技术的力量，使得园区能够在全球范围内整合资源、分享知识、交流信息，实现产业链上下游的无缝对接。这不仅大幅提升了园区的运营效率和创新能力，还为园区内的企业提供了跨地域、跨行业合作的机会，推动了产业的全球化布局。基于数字技术构建的产业集群，使得园区能够更好地聚焦高新技术产业的发展，吸引更多的科技创新企业和人才加入园区。这种以创新为核心的产业集群，不仅能够促进技术的快速迭代和应用，还能够激发园区内部企业和外部合作伙伴的创新活力，形成强大的创新生态系统。

在商业模式创新方面，虚拟与现实的融合为园区提供了更为灵活多样的经营策略。通过构建线上服务平台，园区不仅能够为企业提供更加便捷、高效的服务，还能够根据市场和企业的需求，快速调整服务内容和形式，实现个性化、差异化的服务供给。商业模式的创新不仅能够增强园区的服务能力和市场竞争力，还能够给园区带来更多的收入来源和经济增长点。

（二）产业发展与功能布局

1. 产业发展

在科技产业园数智化转型升级的背景下，产业发展成为推动园区经济增长和技术创新的核心动力。以高新产业群落为核心，形成协同发展、功能不断迭代和拓展的产业群落。通过优化产业结构，园区能够在全球化的竞争环境中占据有利地位，获得可持续发展动力。

优化产业结构是科技产业园数智化转型的重要策略之一。园区应致力培育和引进高新技术产业，特别是那些具有高增值潜力和技术创新能力的产业，如航空装备产业、新能源汽车核心部件产业、生物医药产业和新材料产业等。这些产业不仅能够促进园区经济的快速增长，还能够提升园区在全球产业链中的地位。通过优化产业结构，园区能够更好地集中资源，强化产业集聚效应，促进不同产业的协同和创新。

创新生态化是园区数智化转型的一个重要方向。未来的园区建设将更加注重高新技术和生态环保型产业的发展，融入低碳管理理念，通过技术创新实现园区绿色、可持续发展。园区以云平台和物联网为基础，应用软件系统、无线传感器网络等，可以实现对资源的集约化管理，解决海量数据的实时采集、传输、存储与运算问题。

园区还应加快建设人工智能产业集群，为发展高端智能经济奠定产业基础。人工智能产业作为当今世界科技创新的前沿领域，对推动园区产业升级和功能迭代、拓展具有重要意义。通过引进和培育人工智能企业，园区不仅能够吸引高端人才和资本，还能够促进产业创新和技术进步，使园区的产业集群向高技术产业群落转型。

2.功能布局

在数智化转型升级中，园区以科技创新为中心，以产学研联动为支点，以产业创新为发展轴，围绕产业创新，打造具有特色和优势的功能分区，以此来支撑园区的数智化转型升级，促进园区的可持续发展。

第一，以科技创新为中心的功能布局，旨在将园区打造成科技创新的核心区域，集中布置园区公共服务中心、总部商务办公中心、创新客厅、产学研一体化中心等关键设施。这样的布局不仅能够为园区内的科研机构、企业提供高效、便捷的服务，促进知识交流与分享，还能够吸引创新主体和人才聚集于此，增强科技创新的动力。

第二，以产学研联动为支点的功能布局，旨在通过园区与周边的高校、科研机构建立合作关系，打造一条科技创新链。产学研联动机制不仅有助于加速科研成果的转化，推动产学研深度融合，还能够促进园区内外部资源的整合，提升园区的创新能力和竞争力。

第三，以产业创新为发展轴的功能布局，旨在推动新材料、新智造、新医疗与互联网技术、人工智能技术、物联网技术等新一代技术的融合，构建新兴产业创新发展轴。这样的发展轴不仅指明了园区产业发展的方向，还能够促进不同产业的交叉融合和合作创新，促使具有特色和优势的产业集群形成。

第四，园区进行功能分区，如划分主导产业集聚区、科创产业等特色产业集聚区、配套服务区等，能够根据不同产业的特点和需求，为企业提供精细化、个性化的服务。功能分区有助于园区优化资源配置，能提高园区运营效率，同时，为园区内企业提供发展平台。

（三）技术创新与技术研发投入计划

在科技产业园面向未来的数智化发展蓝图中，技术创新与技术研发投入计划是实现园区可持续发展的关键。园区通过前瞻性的技术规划、充足的研发投入、人才引进与培养、科研成果的转化，可以在数智化转型的浪潮中保持竞争优势，驱动产业发展，实现园区的长远繁荣。

园区技术创新的核心是了解未来科技发展的趋势，围绕园区的主导产业和特色产业，绘制明确的技术发展路线图。园区不仅要密切关注国际科技发展前沿动态，还需要深入了解行业需求，建立产学研用相结合的技术创新平台，集聚全球智慧，研讨技术发展方向，选择创新项目。

研发投入是技术创新的物质基础。园区应当制订合理的技术研发投入计划，确保有足够的资金支持技术创新项目的实施。园区可从政府引导基金、风险投资、产业投资等多种渠道筹集资金，为技术研发活动提供充足的资金。园区还需要优化研发资源配置，提高研发资金使用效率，确保资金投入能产生较大的创新效益。另外，园区应制订人才引进计划，促进人才职业发展，吸引和留住高端技术人才，为技术创新提供强有力的人才支持。园区还应加强与高校、科研机构的合作，通过实施联合研发项目、建立研究生工作站等，培养科技创新人才，加速科研成果的转化。园区需要建立有效的科研成果转化机制，成立技术转移中心、创新孵化器等，加速科研成果的产业化进程，提高技术创新的经济回报。园区还应鼓励企业进行技术交流和合作、共享研发资源、共同参与大型项目等，促进园区内外企业的技术合作，促进产业链升级。

二、构建数智化转型的合作网络

（一）企业合作与产业链整合

通过建立合作网络、整合产业链资源，园区内的企业可以实现资源共享、优势互补，共同应对市场变化，探索新的商业模式和增长点，还能为区域经济发展注入新的活力，推动产业向更高端、更智能化的方向发展。

园区可构建一个开放、共享的创新生态系统。在这个系统中，园区内外的企业、科研机构等通过合作，共同研发新技术、新产品，推动科研成果的转化和应用。园区可以举办技术交流会、创新竞赛、合作项目等，搭建企业交流、合作的平台，促进知识和技术的流动和共享。

产业链整合是提升园区竞争力、增强产业集聚效应的重要途径。园区管理者需要深入分析产业链上下游的资源配置和市场需求，通过方向引导、项目扶持等方式，促进产业链条的延伸和优化。例如，对于拥有核心技术和市场优势的企业，园区可以为它们提供定制化的支持服务，促进这些企业在产业链中的地位提升；对于产业链中的小微企业，园区可以搭建服务平台，为它们提供技术、资金、市场拓展等方面的支持，帮助这些企业成长为产业链的重要组成部分。

（二）园区内企业与科研机构协同创新

园区内企业加强与科研机构的合作，不仅能够加速科研成果的转化和产业升级，还能够创造创新驱动发展的环境，提升园区的竞争力和品牌影响力。政府作为推动科技产业园发展的重要力量，可以通过制定优惠政策、提供资金支持、搭建服务平台等多种方式，促进园区内企业和科研机构的深度合作。例如，政府可以出台税收减免、科研经费补贴、人才引进优惠等政策，鼓励企业开展研发活动和技术创新。此外，政府还可以设立产业引导基金、风险投资基金等，为园区内的创新型企业提供资金支持，降低创新活动的风险。

科研机构是知识创新和技术研发的重要机构。园区内的企业与科研机构合作，可以获得前沿科技信息和研发资源，加速技术成果的转化和应用。这种合作可以采用多种形式，如共建研发中心、联合申请科研项目、实施产学研合作项目等。园区内的企业与科研机构通过合作，可以实现资源共享、优势互补，促进技术进步和创新能力提升。政府可以举办科研成果转化对接会、科技创新论坛等，为园区内外的企业、科研机构提供交流、合作的平台。科研机构可以为企业提供技术咨询服务、科研成果转化评估服务、人才培训服务等，为园区内的企业提供专业支持，加快科研成果的产业化进程。

（三）国际合作与全球视野

通过积极参与国际合作，科技产业园不仅可以获得先进的技术和创新资源，还能够提升国际竞争力，促进园区的全球化发展。未来，科技产业园应持续加强国际合作，拓宽视野，与全球创新网络深度融合，实现开放、创新、可持续的发展。通过与国外的科研机构、大学以及创新企业建立合作关系，园区可以获得最新的科研成果信息和技术发展动态信息，加速科研成果的转化和产业化。园区可以通过实施国际合作项目、建立联合研发中心等方式，促进技术交流和共享，提升园区内企业的技术创新能力和产品竞争力。

园区内的企业拥有全球视野，有助于了解国际市场，更好地参与全球产业链。园区内的企业可以参加国际展会、派遣研修团队、建立海外分支机构等，直接接触国际市场，了解国际消费者的需求和偏好，从而优化产品设计和市场策略，提升国际竞争力。企业拥有国际视野，也有助于把握国际合作和投资的机会，促进跨国经营和全球布局。

国际合作还是推动园区国际化人才培养的重要途径。园区通过与国外合作伙伴的交流和合作，可以吸引国际人才，营造开放、包容的创新氛围。园区还可以通过国际合作，为本地人才提供国际交流和培训的机会，提升人才的专业能力，为园区的长期发展储备关键人才。

随着国内智慧城市建设的加速，部分科技产业园已经迈入数智化转型升级的新阶段。展望未来，以"互联网＋"为基础的绿色、智能、生态、共融的科技产业园将成为园区发展方向，采用"平台＋生态圈"的园区模式将成为园区的一种选择。运营策略、商业模式及管理模式创新，也成为探索数智化产业园区发展新路径的关键。数智化园区不仅是培育城市创新创业企业的摇篮，还将助力城市产业升级，成为推动智慧城市发展的新引擎。从智慧产品到智慧园区，再到智慧城市的发展脉络预示着智慧时代的到来。展望未来，可将数智化园区的管理功能融入智慧城市的管理体系之中，实现园区管理与城市管理的深度整合，以更加开放和前瞻性的姿态迎接智慧时代的挑战和机遇。

参考文献

[1] 刘伟华，李波．智慧供应链管理 [M].北京：中国财富出版社，2022.

[2] 陶经辉．产业转型升级背景下的物流园区创新发展理论、方法及实证研究
     [M].北京：企业管理出版社，2021.

[3] 刘琦，张伟．技术与市场驱动下产学研协同创新效率研究 [M].长春：吉林
     大学出版社，2020.

[4] 杨茹．通用型科技产业园的规划与建筑设计实践：以北京某科技产业园项
     目为例 [J].江西建材，2022（7）：116-118.

[5] 甄杰，任浩，唐开翼．中国产业园区持续发展：历程、形态与逻辑 [J].城
     市规划学刊，2022（1）：66-73.

[6] 闵亚男．精细化管理，打造"双生态"产业园 [J].城市开发，2023（3）：
     68-69.

[7] 史书沛，李硕．以园区空间引领未来产业：上海张江科学城人工智能未来
     街区规划设计 [J].时代建筑，2022（1）：136-141.

[8] 吴中超．"双链融合"应用型大学的产学研协同创新运行机制分析 [J].宏
     观经济管理，2020（4）：44-50.

[9] 程聪慧．多主体共演视角下大学科技城创新创业生态系统研究 [J].黑龙江
     高教研究，2021，39（7）：103-108.

[10] 李荣，张冀新．大学科技园与众创空间孵化互动效应研究 [J].黑龙江高教
     研究，2021，39（7）：109-115.

[11] 邹砺锴.关于新兴产业园建筑设计的策略探讨 [J]. 价值工程，2021，40（31）：185–187.

[12] 马驰骋，张鑫鑫.基于产业定位的高新技术产业园规划与建筑设计 :以深圳创维创新谷项目为例 [J]. 城市建筑空间，2022，29（6）：105–108.

[13] 饶曦东，古叶恒，周剑峰，等.产业 – 空间协调视角下的产业园区规划实践 :以长沙岳麓科技产业园规划设计为例 [J]. 规划师，2021，37（23）：40–46.

[14] 周翔 . 5G+AIoT 时代智慧园区的发展机遇与挑战 [J]. 中国安防，2020（3）：72–75.

[15] 罗栗轩.信息化背景下现代物流管理中 RFID 技术的应用研究 [J]. 物流科技，2023，46（6）：30–33.

[16] 任彦丞.高新技术产业开发区智慧园区建设方案研究 [J]. 广东通信技术，2023，43（10）：7–9，73.

[17] 刘宇，王学兴，王建平，等.近零能耗与近零碳智慧园区建设方案探索 [J]. 智能建筑与智慧城市，2023（10）：12–15.

[18] 王国平，张小镛，郭彦彬，等.PET/CT 虚拟仿真实验平台建设 [J]. 实验科学与技术，2024，22（2）：127–132，143.

[19] 靳三峰，贾磊，孙晓晨.基于数字化应用的智慧物流管控平台的建设 [J]. 河北冶金，2023（增刊 1）：67–70.

[20] 李磊，王宝琪，贾锋，等.零碳建筑实施路径研究 :以中德生态园智能绿塔项目为例 [J]. 建设科技，2023（22）：38–40.

[21] 吴江，杜维，程敦胤，等.智能计量物流一体化管控平台研究 [J]. 现代矿业，2023，39（11）：188–191，195.

[22] 徐元晓，娄欢，陈殊.数字孪生技术在智慧园区中的实践 [J]. 通信与信息技术，2023（6）：41–44.

[23] 张莹.智慧通行方案在产业园区中的应用 [J]. 中国安防，2022（5）：84–87.

[24] 王祎珺，陈晓军．一种基于数据管理服务的一体化平台设计 [J]. 中国科技信息，2023（20）：79-81.

[25] 苏家兴，崔磊，江明晖，等．基于 CIM 平台的 AI+ 智能分析应用探索：以深圳国际生物谷坝光片区开发建设项目为例 [J]. 建筑科技，2023，7（4）：40-43.

[26] 史官清，刘兴旺，杜鑫可．内陆地区城市智慧物流产业的平台化解决方案研究 [J]. 铁路采购与物流，2023，18（5）：37-40.

[27] 邓苇．园区信息化管理与智慧园区建设分析 [J]. 无线互联科技，2022，19（6）：34-35.

[28] 李淼，易加明．开州智慧园区 5G 融合创新运用项目方案设计分析 [J]. 数字通信世界，2023（8）：102-104.

[29] 卜志惠．数智化转型下智慧共享财务管理体系建设研究 [J]. 中国管理信息化，2023，26（20）：88-91.

[30] 秦冲，李丛岩．物联网时代智慧园区建设方案探讨 [J]. 智能建筑，2022（4）：49-50，71.

[31] 刘源．5G+ 智慧工厂建设方案研究与实践 [J]. 信息通信技术，2023，17（2）：77-84.

[32] 韩宝强，马淑娇．5G+ 智慧园区管理方案研究 [J]. 软件，2023，44（5）：98-100，110.

[33] 黄凯．探讨可视化智慧园区管理系统建设方案 [J]. 中文科技期刊数据库（文摘版）工程技术，2022（2）：4.

[34] 王飞，张峻瑞，叶鑫．智慧化工园区系统的设计与建设展望 [J]. 化工自动化及仪表，2023，50（3）：365-370.

[35] 崔理想．产业园区数字化转型的实践要点及路径研究 [J]. 产业创新研究，2022（24）：42-44.

[36] 赛迪智库．我国产业园区数字化转型发展研究 [J]. 软件和集成电路，2022（11）：77-78，80，82.

[37] 曾章 . 数字化转型背景下产业园区发展研究 [J]. 上海信息化，2022（8）：38–40.

[38] 姜殿洪 . 数智化园区转型升级的重要方向 [J]. 中国安防，2023（6）：85–88.

[39] 罗梦婕 . 产城融合背景下科技产业园复合化设计研究 [D]. 广州 : 华南理工大学，2020.

附录　深度学习模型及以科技园区智能化服务为案例的深度学习模型程序设计

深度学习作为机器学习的一个重要分支，已经在众多领域展现出了卓越的能力。它主要依赖复杂的人工神经网络架构，尤其是那些包含多个隐藏层的深度神经网络。这些深度神经网络的设计灵感来源于人脑的结构和功能。深度神经网络使得深度学习模型能够模拟人脑处理和分析信息的方式，从海量数据中学习到复杂的模式和特征。

深度学习模型的一个核心优势是该模型能够自动从数据中学习特征，而无须人工干预来设计特征提取算法。这种自我学习的能力源于该模型内部的多层处理结构，每一层都能够转换和提炼输入数据的信息，逐步抽象出更高级的特征和模式。这种从数据中直接学习的能力使得深度学习模型在处理高维度数据（如图像、视频和文本）时特别有效。

常见的深度学习模型有卷积神经网络（convolutional neural network, CNN）模型、循环神经网络（recurrent neural network, RNN）模型、长短期记忆网络（long short term memory, LSTM）模型等。每种深度学习模型都有特定的结构和适用场景。例如，CNN 模型在图像和视频分析领域表现出色，RNN 模型和 LSTM 模型更适合处理序列数据，如时间序列数据和语言模型。

深度学习的成功部分归因于计算技术的进步，特别是在并行计算和大规模数据存储方面。高性能的图形处理器（graphics processing unit, GPU）和大数据技术为训练复杂的深度学习模型提供了必要的硬件支持和数据资源。随着研究的深入和技术的不断进步，深度学习将继续推动人工智能领域的创新，为解决复杂问题和创造新的应用提供强大的动力。

下面设计一个针对科技园区智能化服务的深度学习模型程序，可以考虑几个关键的应用领域，如安全监控、能源管理、停车位检测和导航服务等。以下是一个综合这些服务的示例程序设计方案，使用深度学习模型来提升科技园区的智能化水平。

一、安全监控——使用卷积神经网络

安全监控是科技园区智能化服务的重要组成部分。可以通过训练 CNN 模型来实现实时视频监控，自动检测可疑行为或未经授权入侵。

数据收集：收集园区内的监控视频数据，如正常行为数据和可疑行为的视频片段。

预处理：将视频帧转换为适合模型训练的格式，如调整大小、归一化等。

模型设计：设计一个 CNN 模型，用于识别视频帧中的行为模式。该模型可以包含多个卷积层、池化层和全连接层。

训练与评估：使用标注的视频数据训练模型，并在测试集上评估模型的性能。

部署：将训练好的模型部署到园区的监控系统中，实现实时监控和报警。

二、能源管理——使用循环神经网络

为了优化科技园区的能源使用，可以设计一个基于 RNN 的预测模型，预测园区的能源需求，从而实现更有效的能源分配。

数据收集：收集园区内能源使用历史数据。

预处理：处理时间序列数据，包括归一化、划分时间窗口等。

模型设计：设计一个基于 RNN 的模型，用于预测未来一段时间内的能源需求。

训练与评估：使用能源使用历史数据训练模型，并评估模型预测精度。

部署：将模型部署为园区的能源管理系统的一部分，用于指导能源分配。

三、停车位检测——使用卷积神经网络

通过训练 CNN 模型自动检测园区内的空闲停车位，为园区员工和访客提供实时的停车信息。

数据收集：收集园区停车场的图片，标注空闲和占用的停车位。

预处理：对图片进行预处理，包括调整大小、归一化等。

模型设计：设计一个 CNN 模型，用于识别停车位的状态（空闲/占用）。

训练与评估：使用标注的停车位图片训练模型，并评估模型准确性。

部署：将模型集成到园区的停车管理系统中，为人们提供实时停车位信息。

四、导航服务——使用深度强化学习

为园区内的员工和访客提供智能导航服务，帮助他们快速找到目的地。

环境建模：构建园区的地图模型。地图模型包括建筑物、道路和其他地标。

模型设计：设计一个基于深度强化学习的导航模型，用于学习最优的导航路径。

训练与评估：在模拟环境中训练导航模型，并评估导航模型在实际环境中的表现。

部署：将导航模型部署到园区的移动应用或导航系统中，为用户提供实时导航服务。

以上示例程序实现方案展示了深度学习模型在科技园区智能化服务中的多种应用场景。在每个场景中应用深度学习模型都需要做好数据准备、模型设计、模型训练和部署工作，以确保系统的有效性和可靠性。随着技术的发展，深度学习将在提升园区服务的智能化水平方面发挥越来越重要的作用。